混凝土结构的不确定性分析与研究

李 浩 著

中国原子能出版社

图书在版编目（CIP）数据

混凝土结构的不确定性分析与研究 / 李浩著. --北京：中国原子能出版社，2024.3

ISBN 978-7-5221-3351-5

Ⅰ. ①混… Ⅱ. ①李… Ⅲ. ①混凝土结构–不确定系统–分析方法 Ⅳ. ①TU37

中国国家版本馆 CIP 数据核字（2024）第 071807 号

混凝土结构的不确定性分析与研究

出版发行 中国原子能出版社（北京市海淀区阜成路 43 号 100048）
责任编辑 王 蕾
责任印制 赵 明
印　　刷 河北宝昌佳彩印刷有限公司
经　　销 全国新华书店
开　　本 787 mm×1092 mm 1/16
印　　张 11.375
字　　数 146 千字
版　　次 2024 年 3 月第 1 版 2024 年 3 月第 1 次印刷
书　　号 ISBN 978-7-5221-3351-5 **定 价** **72.00** 元

前 言

不确定性分析方法是结构工程领域的一个重要而广泛的研究方向。不确定性分析的理论及其方法既是真实反映客观环境下结构工程问题的数学语言，也是有效处理客观环境下结构工程问题的计算逻辑。包括贝叶斯理论、区间分析、模糊集或可能性理论、证据理论等在内的不确定性基本理论，极大拓展了以经典概率理论为主的不确定性分析方法所对应的工程应用背景，使结构不确定性分析方法具有更为广泛的理论基础。本书针对结构抗震分析，主要的研究内容总结如下。

1. 本书构造了基于贝叶斯网的专家系统通用原型机用于结构工程的诊断评估。在该系统中，领域知识采用离散贝叶斯网表达，系统的推理采用合树算法求解贝叶斯网在给定观测证据下的边缘概率分布。整个专家系统的知识表达采用两个层次构造：第一层次为“元知识”层次，是关于贝叶斯网的结构以及其推理方式的算法；第二层次为“应用”层次，是关于具体领域知识的贝叶斯网实现。两个知识层次的构造使得该专家系统具有通用性。具体专家系统的实现中，采用了模块化设计思路：把系统依据功能划分为用户界面模块、贝叶斯网编辑模块，以及推理模块。用户输入模块接受用户的输入，包括贝叶斯网的编辑、证据节点状态的输入，以及最终结果的输出；推理模块负责贝叶斯网转化到合树的编译、证据输入后的不确定性推理，以及概率边缘化；编辑模块衔接用户界面动作到贝叶斯网生成的转变。本书以钢筋混凝土耐久性诊断为例，说明了贝叶斯网合树算法的推理过程；结合钢筋混凝土结构的抗震性能评估，演示了该系统如何在信息不完备这类土木工程中常见的不确定性环境下的具体应用，从部分运算结果可以看出概率推理的双向性，以及在信息不完备条件下缺省推理计算结果的某些特性。

2. 本书根据所搜集到的 1918 条地震记录，对具有不同屈服水平系数及周期的单自由度体系作了弹塑性时程分析，通过拟合得到了简化的延性需求计算公式；针对单一地面峰值加速度作为地震强度指标的不足，根据回归分析构造了一个新的参数用于描述地震频谱特性对延性需求的影响；以地面峰值加速度和此新参数作为地震强度指标向量，建立了给定地震强度条件下结构延性需求的概率关系。在此基础上，按照地震延性需求概率关系所涉及的各影响因素及因素间的层次关系，构造出一个包含 10 节点的连续型贝叶斯网用于地震延性概率需求分析，该贝叶斯网不仅可以根据已有的统计资料得到延性需求的先验分布，还可以根据实际的本地观测数据不断修正概率分布从而得到更符合实际的后验分布。贝叶斯网中所涉及的贝叶斯概率后验分布，是一个非常复杂的高维积分问题。在本书中，通过引进马尔科夫链蒙特卡罗模拟方法，计算给定地震强度观察值条件下延性需求的后验分布，基于 Metropolis-Hastings 采样以及相应的马尔科夫链收敛性检验算法，实现了延性需求计算的本地化。最后，通过算例分析了各地震强度参量、给定观测值条件下对延性需求预测结果的影响。

3. 在本书中，通过收集 12 场地震的 71 条地震波纪录，分析了 3 种典型框架结构在近场地震作用下的响应，比较了已有的 9 种地震强度指标在近场地震作用下对结构层间最大转角的拟合性能，在此基础上，提出了一种基于模糊代表值的谱速度平方值作为新地震强度，该强度指标值根据结构振动周期的模糊取值，通过模糊扩张原理获得与此对应的结构谱速度平方值的模糊集，其代表值则由模糊集的重心确定。对于中长周期的两种典型框架结构，相较于其他 9 种指标具有较好的充分性和有效性。为了克服新强度指标的不足，本书将上述模糊代表值的概念推广到以 PUSHOVER 分析为基础的延性位移上，得到相应的延性位移模糊代表值。该强度指标以推覆分析中加载力形状向量模糊集为基础，推覆分析得到模糊集下结构的等效周期及屈服强度，通过扩张原理得到与此对应的结构位移延性模糊集并求取其代表值。通过对比分析表明，新指标在短中周期具有较好的充分性和有效性。总体来说，模糊代表值化的地震强度指标由于考虑了结构在环境作用下所具有的模糊性，较之其他点值化的强度指标，具有较高的充分性和有效性。

4.“强剪弱弯”是保证结构延性的一个重要设计概念。本书采用区间变量表达认知不确定性，对钢筋混凝土框架柱的“强剪弱弯”性能进行了非经典概率可靠性分析。通过结合代表认知不确定性的区间变量，以及代表偶遇不确定性的随机变量完成了对所分析对象中所包含不确定性的数学描述，在此基础上，根据对基本事件的包含关系建立“强剪弱弯”可靠性概率模型，并从证据理论出发论证了该失效概率区间的上下界实质上等价于证据理论中的信任与似然函数。对于含有区间值不确定性参数的结构承载力计算，将 Taylor 模型引进计算过程中，减少由于区间扩张而导致的过大误差。在数值模拟计算中，通过引进代表数值解到可行域距离的“不可行度”（IFD）的概念处理约束满足问题，利用模拟退火遗传算法（SAGA）确定“强剪弱弯”的大致设计区间。根据该设计区间构造了一类特殊的采样函数进行重要性采样模拟从而得到了失效概率区间。误差分析表明该方法具有较好的精度。最后通过算例分析了各设计因素对“强剪弱弯”可靠性的影响，并提出了相应的设计建议。

在本书的撰写过程中，笔者不仅参阅、引用了很多国内外相关文献资料，而且得到了同事亲朋的鼎力相助，在此一并表示衷心的感谢。由于笔者水平有限，书中疏漏之处在所难免，恳请同行专家以及广大读者批评指正。

目 录

第1章 绪 论

1.1 引 言

在设计、施工、使用和维护的各个土木工程实践环节中，充斥着大量的不确定性因素，如建筑结构材料中反映材料特性的参数不确定性、结构几何尺寸、环境荷载作用强度的不确定性、计算模型中的不确定性因素，包括不确定性的初始条件、边界条件等。从工程背景角度看，不确定性因素主要体现在以下五个方面。

1. 材料特性参数的不确定性，例如，混凝土材料即是一种多元的非均质材料，其力学特征参数（如抗压强度、抗拉强度等）本身就是通过大量材料试验获得的具有一定保证率的统计值，很大程度受技术条件和人为因素的影响；从微观上看，构件材料中初始缺陷的不确定性和缺陷裂纹发展过程的不确定性，是导致材料特征参数的不确定性的主因。

2. 环境荷载作用的不确定性。除了某些特定的工况下，结构所遭受的环境荷载，很难用一个精确的单一定值加以描述，如风荷载和地震作用等；此外各种人为荷载，如爆炸冲击荷载、人流车辆等，同样具有不确定性，无法用单一精确值描述。目前工程分析研究中对荷载作用的不确定性多以随机变量的形式加以描述。

3. 初始条件、边界条件的不确定性。初始条件、边界条件的不确定性来源于工程实际的复杂性和人们认知上的局限性，确定性计算模型的对于边界或初始条件的简化处理，往往使得其计算结果较大偏离受这些不确定性条件影响的真实结构响应。边界条件不确定性，如现浇梁板结构中的板，其“真实”边界条件可能非常复杂，它的不确定性使得简化计算模型的分析结果具有较大的误差；初始条件的不确定性，如由于施工控制、荷载作用位置、混凝土质量等方面的原因导致构件具有非确定的初始偏心、初始弯曲或初始应力等。

4. 分析、计算模型的不确定性。结构分析计算模型往往是以某些假定、简化条件为基础建立的，而这些假定或者简化条件有时并不符合实际工程中的真实状况，这种真实状况与分析计算模型之间的差异性所导致的结果就是不同的计算模型具有不同的预测精度。计算模型的准确性往往依赖于具体的实际工程背景而不存在一个绝对意义上的确定性模型，这其实正是模型识别或系统辨识的工程背景。较为常见的做法，是将模型的不确定性描述为参数化模型中参数的不确定性，通过比较不同参数化模型的预测值与真实结构响应值之间的误差，确定“最佳”的参数化模型。

5. 几何尺寸的不确定性。一般来说，建筑结构几何尺寸的不确定性相对较小经常忽略，实际上由于恶劣环境作用的侵蚀，结构的几何尺寸实质上也是非确定性的。

不确定性因素的真实存在及其带来的影响，是工程领域中不可回避的问题，工程结构的设计分析多采用确定性模型，而由于描述模型的参数本质上的不确定性，确定性模型分析出的结果可能与真实结果会有较大出入。针对工程实际存在的这些不确定性因素，基于概率的理论及方法为目前工程界普遍接受并广泛采用，如我国结构设计规范即是采用以概率论为基础的极限状态设计法。

以概率论为基础的不确定性分析框架，是将不确定性统一按随机性考虑，以服从一定分布的某随机数表示不确定性参数，进而研究分析对象的

概率分布特征：例如结构概率可靠度分析，通过将结构抗力和环境荷载作用表述为服从特定分布的随机变量，分析结构可靠性的概率度量；随机有限元分析，则是将影响结构力学参数的不确定性，如材料特性参数、几何尺寸、荷载作用等以随机变量表述，分析结构在随机化因素影响下的力学响应概率特征。由上述分析过程的一般性描述可知，不确定性分析的基本框架主要包括两个方面的内容：不确定性的表达，如以上例子中的不确定性因素以随机变量的形式加以表达；不确定性的传递，即分析对象的不确定性如何受不确定性因素的影响，如以上例子中的研究对象是随机因素作用下的可靠性概率度量、结构力学响应概率特征等。不确定性的表达是不确定性分析框架的基础，起“语境”的作用，工程结构的不确定性分析研究总是在特定的不确定性描述（语境）下展开的；而不确定性的传递则是不确定性分析研究的主要内容和重点。

由于材料特性、几何尺寸、计算模型等结构抗力相关的不确定性，更主要的是由于地震作用本身的不确定性，将不确定性理论用于工程结构抗震分析是自然合理的选择。基于不确定性理论的结构抗震分析，主要内容包括地震作用的不确定性描述与分析、结构抗力的不确定性描述与分析以及结构抗震性能的不确定性描述与分析，这些不确定性描述与分析的结果为结构抗震设计维护等提供了更为准确的理论依据。

1.2　不确定性分类及分析模型

工程结构不确定性分析的基础是建立对不确定性的合适表达，而对不确定性的合适表达则建立在对不确定性的正确理解以及合理分类上。具体工程背景中的不确定性，是由于获取信息时某些方面的缺陷造成的，含有缺陷的信息时常表现出不完整、不精确、含糊而不可靠、支离破碎甚至自相矛盾的状况，正是这些信息上的缺陷导致了不同类型的不确定性，简单地说，不确定性就是信息的缺陷。从哲学的认知角度看，由于人类自身认识局限性即“无知”（ignorance）的存在，在获取信息时的过程中，对不确定性的本质理解和分类往往带有很强的主观性特征。Ayyub 的无知分类层次较为详尽地阐明了各种不确定性的主观来源及所属类型，从全局的角度对不确定性的定位及分类做了一个总结。

Ayyub 将认识局限性中的“无知”状态为两种类型：无意识的“无知”（blind-ignorance），即主体没有意识到自身无知的状态；有意识的“无知”（conscious ignorance），即对自身的无知有所察觉。图 1.1 为各种“无知”状态的层次关系，其中，有意识的无知包括“不一致性”（inconsistency）和“不完整性”（incompleteness）两个方面；其中不完整来源于信息的“不确定性”（uncertainty）、“未知性”（unknown）和“缺失”（absence）三个方面：“不确定性”是由于信息获取过程中的缺陷所导致的，包括“近似性”（approximation）、“似然性”（likelihood）和“多义性”（ambiguity）三个方面；“近似性”源于自然语言描述中的不确定性，包括“模糊性”（vagueness），即集合元素的不同于非此即彼的普通集概念的亦此亦彼的集合隶属性，“粗略性”（coarseness）以及“简化性”（simplification）；“似然性”所表征的不确定性源于物理现象的随机性、随机现象后的统计特征，如样本表征总体，或者模型化过程，如分析模型中用有限元预测结构行为；“多义性”源于一个过程下的多个结果，包括“非明示”（unspecificity）以及“无明示”（nonspecificity），前者是对所有可能的结果缺乏明确的说明，类似于“缺失”，是知识缺乏的表现形式；后者是源于对结果的非正确性定义。此外，无意识的无知包括“谬误”（fallacy，误导性的提法引发的错误信念）、“不可知”（unknowable，认知局限性导致的目前无法获取的信息）和“不相关”

（irrelevance，被忽略的信息）。本书所涉及的不确定性只涉及有意识的无知相关的层面。

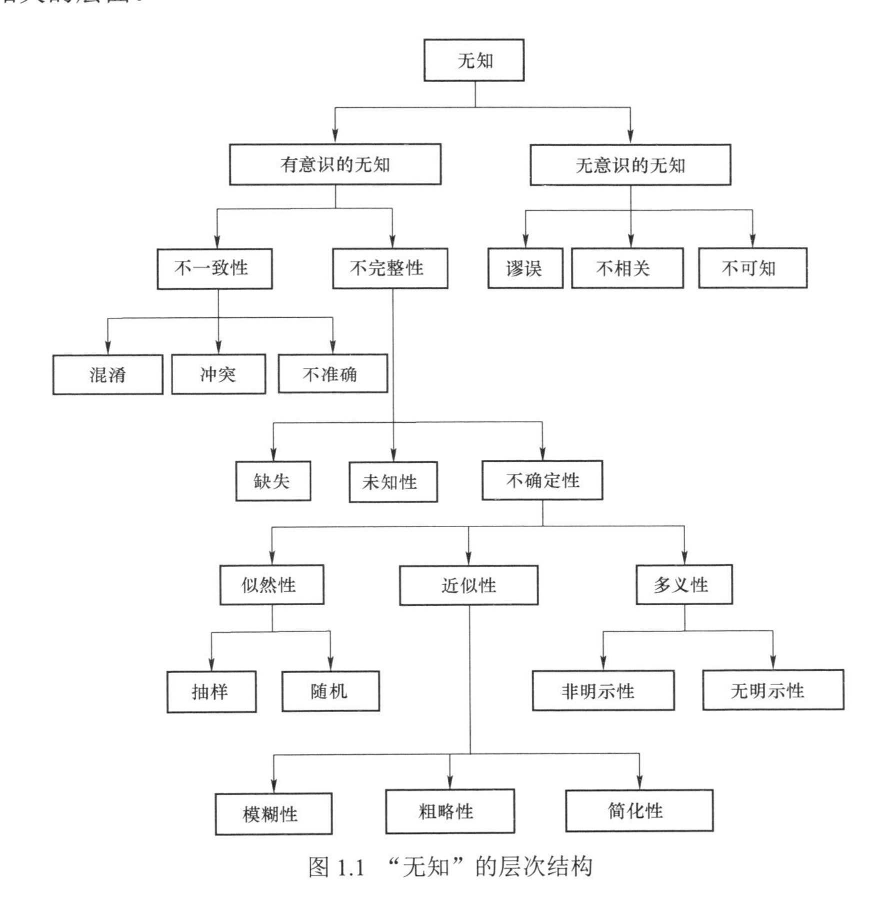

图 1.1 “无知”的层次结构

另一种简化的观点认为，不确定性可分为偶遇不确定性和认知不确定性：认知不确定性源于领域知识欠缺或可用数据的缺乏，通常以模糊性或可能性加以描述，当知识或实验观测数据足够充分时，这种不确定性是可以消弭的，可以认为这是一种“主观”的不确定性；而偶遇不确定性则是事物所具有普遍规律的客观表现，如投掷硬币正面向上的不确定性，这种不确定性无法通过多次实验观察或者加深认识的方式消弭而总是客观存在的，通常以随机性加以描述，以概率论作为处理该类不确定性的基本理论。

图 1.1 所划分的不确定性，似乎更多的是从哲学角度加以分析；而偶遇不确定性和认知不确定性的划分，更多是从解决工程实际问题的数学角度加以分析。偶遇不确定性和认知不确定性最大的区别在于后者是可约简的，以图 1.1 所示分类，似乎除了“似然性”中的“随机性”以及“多义性”可能源于事物客观规律性而属于偶遇不确定性外，其他不确定性的分类似乎都可以属于认知不确定性的范畴。

各种不确定性理论下的不确定性信息表达，是对实际工程问题中不确定性问题的数学建模，其理论选择的合理性依赖于实际工程问题中所要把握的不确定性的本质特征。目前工程领域中，应用较为广泛的不确定性理论主要包括概率论和模糊集合理论，此外，证据理论、粗糙集理论、凸集模型理论的分析研究也逐渐兴起，不确定性数学理论模型从单一的经典概率随机理论过渡到多元化的发展趋势，反映了对真实工程背景下所涉及不确定性的认识与了解的逐渐加深。这些不确定数学模型定义在不同的语义环境下，各自所描述的不确定性之间既有区别又有联系。

1.2.1 随机概率模型

这是最早也是目前最为广泛运用的不确定性数学分析模型，它将所涉及的不确定性参数量化为随机变量或随机过程，运用概率论统计学的方法研究不确定性在目标系统中的传递，如结构响应的概率特征、结构可靠性的概率特征等。经典随机概率模型描述的是图 1.1 中的“似然性”，这种似然性的描述同时也是一种客观的偶遇不确定性，需要大量统计数据的支持，这在实际工程中的很多情况下是难以办到的。近年来，主观贝叶斯方法得到了广泛的关注而成为概率不确定性分析研究新的热点。不同于经典概率

中仅限于客观随机性的内涵，贝叶斯方法将人的主观不确定性即认知不确定性也纳入概率框架中，因此在统计数据不足的情况下仍然可以进行概率分析。

1.2.2 模糊集模型

自 1965 年 Zadeh 发表第一篇模糊集论文开始，模糊理论的发展十分迅速，已深入工程实践与科研活动的各个领域。模糊集理论所描述的不确定性，主要针对的是图 1.1 中近似性下的模糊性，它采用一个介于 0～1 之间的数值描述集合元素所属集合的不确定性，该数值称为元素所属集合的隶属度。模糊集是对普通集的拓展，将普通集的 0～1 二元隶属关系拓展到 [0,1] 闭区间上的模糊隶属关系，“模糊化”了非此即彼的普通集的边界。此外，当以模糊隶属度表示事情发生的“可能性”时，可以认为此时模糊集描述的是图 1.1 所示的“多义性”，属于认知不确定性的范畴。以模糊集理论作为不确定性分析方法的首要前提，是建立不确定性对象集合元素的隶属度分布，常用的方法包括 F 统计法、三分法等，事实上模糊集隶属度的确定，往往具有较大的主观经验性，通常是工程技术人员工程经验的总结。对比经典概率中随机分布的确定，模糊集理论并不排斥这种依据主观经验建立起来隶属度分布，只要求能客观反映集合元素对象从“属于”到“不属于”这一变化过程中的整体特性。

基于模糊集的不确定性分析，是将不确定性参量描述为具有一定隶属度的模糊集上元素，在此基础上分析研究对象相应的模糊分布状况。在具体实现上，从模糊输入到模糊输出的映射，存在两种方式：其一是将集合间的普通映射通过模糊扩张原理扩展到模糊集合，从而实现输入到输出的转变；其二则是将普通关系拓展到模糊关系，从而建立二者之间的关系。

前一种方式的应用，如模糊化的结构强度参数被引进结构分析中以求得模糊化的静、动力分析结果，模糊化的结构抗力与环境荷载所对应的结构模糊可靠性等；后一种方式更为广泛，如结构可靠性鉴定与安全性评估的综合评判法、以接近人类自然语言描述的模糊规则（关系）构造的各种依赖于工程经验的决策型专家系统等。

1.2.3 凸集模型理论与方法

所谓的凸集，是这样的集合，在向量空间中它内部的任意两点之间连线上的所有点都处于其内部。参照这个定义，单坐标轴上闭区间所形成的线段是凸集；多维坐标下各个坐标轴闭区间形成的多维空间超立方体是凸集；严苛地来说，模糊集也属于凸集，这是由于模糊集其实可以看作是所有模糊截集的并集，而每一个上下有界的模糊截集本质上是区间（套），这些区间同样属于凸集。基于凸集的不确定性分析模型是将不确定性参量限制在凸集范围内取值，比如在一个区间范围内或属于一个椭球体内部空间点，而不确定性分析的目标是根据参量的凸集得到相应的包含所有可行解集的一个最小集合（通常情况下解集也是一个凸集）。凸集的不确定性表达较符合工程实际所遭遇的情况，分析结果也符合工程习惯，为大多数工程人员所广泛接受。目前凸集模型的研究以区间分析应用最广。

区间分析最初是为了研究计算机运算中的浮点舍入误差所提出的，自Moore于1966年发表第一部关于区间分析的专著以来，该理论迅速发展，目前已逐渐成为数学领域研究的一个新分支，并且其运用已经扩展到诸多工程领域。区间分析的研究大致可分为以下几个方面：① 区间函数，主要用于当计算变量取值为区间时，实值函数相应的区间范围。计算区间

函数所面临的主要问题是区间扩张，即根据函数的公式表达计算所得到的区间集合是实际集值映像的超集，这是由函数公式表达中变量相关性造成的；② 求解非线性系统方程，非线性方程本质上就是搜索非线性函数的零点或不动点，利用压缩映射的特性，Moore 提出的区间牛顿迭代法具有全局收敛性，可以算出非线性系统的所有解，并在计算过程中对解的存在性进行检验，在每一次迭代过程不仅能得到解的近似，而且还可以得到其相应的误差界限，这是一般的求解非线性方程的点迭代法所办不到的；③ 求解线性方程组，当线性方程系数矩阵包含区间变量时，其解空间通常不是凸集而是一个很复杂的空间集合，区间线性方程组分析的目标是获得方程组解空间最紧致外围的区间壳（hull）；④ 特征值及其相关问题；⑤ 微分方程。

由于模糊截集通常以区间的形式表达，在截集水平上的模糊扩张其实就是区间扩张，因此区间分析可认为是模糊分析的基础，从本质上看，二者是一致的。

1.2.4 证据理论

Dempster 在 20 世纪 60 年代发表的一系列文章中提出了证据理论的基本概念，Shafer 进一步发展了该理论并在其著作《证据的数学理论》（Mathematical theory of evidence）中明确了其中相关的术语和提法，由于 Dempster 和 Shafer 在发展该理论中所起的至关重要的作用，因此证据理论又被称为 Dempster-Shafer 理论。证据理论提供了一种用数学似然率处理人的主观判断的途径，它是主观贝叶斯理论的一种泛化，同时具备对“不知道”和“不确定”的表达能力，其中对 “不知道”的表达是人对真实世界主观认知不确定性的数值量化，对建立基于知识的人工智能系统具有极其重要的意义。在概率论中，概率值需要分配给每一种可能的结果，即对基本事件的概率描述必须是完备的；而证据理论则提供了一种更为灵活的方式，它允许似然率的分配建立在基本事件构成的幂集上，由于基本事件的幂集包括了基本事件自身构成的单子集，因此证据理论可以看作是对概率理论的推广，而贝叶斯的条件概率公式是 Dempster 证据组合规则的特例。

证据理论中涉及的似然率可以是基本事件的概率，此时似然率与经典概率具有相同的数学含义，但大多数情况下，证据理论中的似然率并不具备经典概率中“随机性”的内涵，只是表征人的主观信念，类似于非经典概率贝叶斯派的“先验概率”。证据理论更为一般的意义在于，当似然率的分配建立在基本事件构成的超集时，构成超集的各基本事件的似然率是不可知的，即它们更详细的信息在该超集下具有“不可辨识”的关系，这种不可辨识关系即是图 1.1 中“多义性”，强调的是多个结果的非明确指示性，与模糊集表示的可能性分布类似，但与模糊集的模糊性有所区别。以图像处理为例，模糊集合所描述的集合隶属关系类似于图像的灰度，灰度的分界标示了图像中不同区域的过渡性；而证据理论的这种“不可辨识”的关系，则类似于图像分辨率的高低，无论是过低的分辨率还是糟糕的灰度设置，都会造成图像的不清晰。

证据理论在工程中的运用主要是在多信息源条件下进行辅助决策与分类：例如结构损伤诊断中根据诸多检测实验结果进行综合考虑得出最终的结论；健康监控中对多源传感器数据进行数据融合以提高结构损伤类型识别效率等。

结构工程不确定性分析的研究领域很广，主要包括结构分析问题，即研究结构性能参数的不确定性表达、不确定性在计算过程中的传播以及结果的不确定性分析；结构可靠性分析问题，即研究结构抗力及荷载效应不

确定条件下结构的可靠程度；结构模型参数识别及损伤诊断，即根据不确定性观测数据进行不确定性结构模型或模型参数的反演并确定损伤程度等。在这些研究领域中，不确定性结构抗震分析将不确定性理论与结构抗震分析结合起来，综合了不确定性结构分析、不确定性地震作用分析以及可靠性分析等多方面的内容，具有较为宽广深厚的理论基础支持以及较为深远广泛的研究应用前景。以下概述结构工程不确定性分析的研究进展，并对结构抗震分析、基于不确定性推理的专家系统应用的研究现状做综合性描述。

1.3　结构工程不确定性分析

目前在结构工程中，最常用的不确定性分析模型是基于经典概率的理论模型，其中尤以随机可靠度的研究最为广泛和深入。近年来，贝叶斯理论由于克服了经典概率中难以处理的小样本问题而得到了广泛的关注，成为概率不确定性分析研究的新热点。此外，模糊理论、区间分析等非经典概率不确定性分析模型及方法也出现在结构工程的不确定性分析领域而逐渐成为新的研究方向。

1.3.1　贝叶斯分析

贝叶斯分析方法是概率不确定性分析的新分支，由于它克服了经典概率中难以处理的小样本问题而得到广泛应用。在结构工程中，它主要应用于模型修正和参数辨识及与之相关的结构可靠性分析。

贝叶斯方法用于模型修正和参数辨识的实质，是利用测试数据修正理论分析结构模型或模型参数的似然性描述，这种模型修正或参数辨识方法常作为结构损伤诊断的有效手段。Beck 和 Katafygiotis 在系统输入已知的条件下，提出了基于贝叶斯统计方法模型修正的理论框架，利用在模型参数最大似然点展开的渐进法解决了概率计算中存在的多维积分问题，并由此将模型修正问题简化为参数最优化问题。Sohn 等将利兹向量运用于基于贝叶斯概率框架的损伤诊断中，同时考虑了模型误差和测量噪声。Yuen 提出了一种结构模态参数辨识的贝叶斯时域方法，以最优化的修正参数值为中心的高斯分布近似修正后的概率密度分布；此后进一步提出了扩展贝叶斯系统辨识方法用于具有噪声、不完整激震及响应数据环境下的结构损伤识别。易伟建和徐丽以高斯联合概率密度函数作为先验分布，根据多次独立模态参数测试，得到了传递函数的条件概率和模态参数后验估计表达式，利用拉普拉斯渐进法得到模态参数最大后验似然估计。对于诸如桩基试验、地基沉降观测、场地土检测等现场测试数据较少的情况，应用贝叶斯方法，可以将有限的测试数据与工程经验相结合可以达到提高工程参数后验估计精度的目的。基于贝叶斯的模型修正方法通常要求多维积分计算，难以通过解析法求解，Cheung 和 Beck 提出了一种混合蒙特卡罗的数值计算方法用于计算多维积分问题。

将传统的概率可靠度模型与工程现场获得的实测数据相结合，通过贝叶斯方法可以实现对实际工程结构可靠度的修正。Coolen 认为，可靠性理论中由于统计数据的缺乏而常依赖于工程师或专家的经验或判断，而可以将这些经验或判断构造为先验概率从而反映工程师或专家知识的贝叶斯方法则表现出较好的适用性，将具有超分布参数的共轭分布作为先验分布是不完备数据环境下构造专家经验分布的一种有效途径；Byers 描述了对现存结构疲劳可靠性评估的一般流程，指出结构剩余服役期可以根据现场评估检查数据结合疲劳寿命概率模型，通过贝叶斯推断加以估计；Zhang 等

基于贝叶斯理论利用非破损试验数据分析结构疲劳可靠度时，除了为概率模型中统计分布参数的不确定性建模外，物理模型不确定性则通过组合两个互斥的裂缝伸展模型在贝叶斯框架中得以考虑；Papadimitriou 基于动测数据，将贝叶斯系统辨识与概率结构分析相结合评估结构的可靠性，对地震作用下单跨桥梁模型的分析表明，结构概率可靠性在利用动测数据修正前后具有显著的不同，该方法可用于结构健康监控以修正由于疲劳、腐蚀或地震作用下结构的安全性；Sasani 将贝叶斯参数估计方法应用于钢筋混凝土墙在近场地震下的易损性评估，实验数据用以建立能力模型，非线性动力分析用以建立需求模型，以一种新的显著峰值加速度作为地震强度指标，同时考虑剪切与弯曲破坏，在此基础上实现对钢筋混凝土墙的地震易损性评估；刘章军、叶燎原等提出了基于模糊事件概率的贝叶斯震害预测方法，通过建立结构变形参数的震害等级隶属度曲线，并结合各自权重构造了震害条件概率，利用贝叶斯分类做结构震害预测；Zhong 等基于贝叶斯概率模型预测钢筋混凝土桥墩在地震作用下的变形和剪切需求：用一组解释性函数定义既有确定性需求模型的偏差，从本质含义出发量化了需求模型中的不确定性并据此选择地面运动参数。该方法综合考虑了科学家或工程师的经验、实验观测数据以及动力响应数值模拟数据，结构的易损性以变形或剪切需求大于等于其相应能力的条件概率项表述。

1.3.2 模糊理论

模糊理论是仅次于概率论的在结构工程中应用得最为广泛的不确定性分析理论。该理论在结构工程方面的应用，主要包括结构可靠度分析及可靠性评估、损伤诊断以及结构主动控制等方面。

模糊理论之于结构可靠度的分析，主要包括两个方面：其一是以可能性理论替代概率论建立新的可靠度分析模型；其二是与概率论结合形成的模糊-随机可靠度理论。对于基于可能性理论的可靠度分析模型，Cremona等用可能性度量代替概率性度量描述非确定性变量，提出了基于可能性的可靠度理论框架，建立了相应的失效率、可靠指标的概念以及计算的一般流程；Moller利用累积概率与累积可能性之间的模糊比率关系，根据当前失效可能性与允许失效可能性的关系建立了可能性安全评估概念；郭书祥等在区间分析的非概率可靠性基础上建立了能度可靠性模型，该模型给出了可靠性指标的可能性分布及结构失效的可能性度量；曹文贵等采用三角模糊数描述地下结构物理力学参数可能性分布，引进区间截断法和区间数运算法则确定地下结构稳定性功能函数的值域区间，依据模糊能度可靠性度量方法，建立了地下结构模糊可靠性指标可能性分布曲线；Biondini等以模糊指标为难以用概率表述的不确定性建模，通过求解相应的反优化问题计算安全系数的隶属度函数，求解过程采用遗传算法用以产生涉及几何、材料非线性结构分析的参数样本。

对于第二个方面的研究，赵国藩等认为，结构的失效事件为一模糊随机事件，宜采用模糊随机事件概率的数学模型作为各种情况下结构可靠度分析的统一模型；王光远等以模糊随机变量为基本变量，定义了结构模糊随机功能函数，分析了结构有效与失效状态间的模糊性，建立了结构的模糊随机极限状态方程，采用基于序关系的单失效模式模糊准则，进而得到结构模糊随机失效概率、模糊随机可靠度及模糊可靠指标等；基于模糊随机变量理论，Moller提出了可以同时考虑模糊性、随机性、模糊随机性的模糊概率可靠性的概念，并系统阐述了计算模糊可靠度的一阶矩法（FFORM）。大部分情况下，模糊变量的截集是区间，因此可以说，区间分析是模糊分析的基础，而模糊分析是区间分析的拓展。

除了可靠度分析外，模糊理论由于其天然地具有处理定性化语言描述

的能力，更多的还应用于结构可靠性评估。李贞新等将钢筋混凝土拱桥分为构件和结构两个层次，建立了与耐久性相应的各影响因素隶属度函数，得到既有钢筋混凝土拱桥耐久性的二级评估模型；杨建江提出了危房鉴定的两级模糊综合评判模型，采用加权平均的方式，运用模糊层次分析法依据各因素重要性确定权重，以非对称贴近度法划分房屋危险性等级；徐静海提出了以现有震害资料为基础的模糊震害指数法预测建筑物震害，在此基础上，进一步提出了多级模糊综合评判方法确定建筑物震害影响因子。

损伤诊断与结构状态评估是模糊理论的另一个主要应用领域。Zhao 提出了一种用于桥梁损伤诊断及预测的模糊推理系统，以模糊逻辑处理所涉及的不确定性和不精确性信息，采用模糊划分算法构造隶属度函数并推导模糊规则；Kawamura 提出了基于多层神经网络的模糊桥梁评估系统，以神经网方式实现模糊推理以及模糊规则的学习，此时神经网络的工作不再是黑箱方式而具有明确的意义；Silva 等提出了基于振动数据的结构健康健康，通过主向量分析进行数据压缩建立结构无损 ARMA 模型，以模糊聚类进行损伤分类；Altunok 等在构造损伤特征分类可能性分布基础上提出了两种新的损伤指标。

1.3.3 区间分析

区间分析在结构工程中的应用，大致可分为区间有限元分析、非概率可靠性研究、工程参数反演及优化设计三个方面。

区间有限元分析，本质就是求解具有区间参数的线性方程组，主要有区间摄动法、迭代算法、最优化方法等。区间摄动法是一种直接的简化计算方法。邱志平将区间不确定性看做刚度矩阵和荷载向量的小幅扰动，以摄动法思路求解结构不确定性参数在区间宽度较小情况下的位移响应，并在随后的研究中提出了子区间摄动法解决参数区间宽度限制的问题；利用刚度矩阵与荷载向量的一阶泰勒展开式，在区间摄动法的基础上，解决了刚度矩阵、荷载向量中不确定性参数的耦合问题，陈塑寰等以此改进的区间摄动法分析了具有区间不确定性的截面尺寸、弹性模量的梁单元结构。

迭代算法是利用区间包含关系迭代求解结构响应区间近似范围的方法。郭书祥等基于区间变量运算性质，提出了区间有限元的迭代算法，将方程组求解归结为一个点值迭代过程；针对方程组中区间参量的耦合问题，进一步提出了基于区间参量边界组合的迭代解法；Muhanna 和 Mullen 采用单元接单元（EBE）技术，利用拉格朗日乘子相容性约束建立单元刚度非耦合形式的总刚度矩阵以克服因刚度矩阵参数相关性导致的计算区间过估计，依据解壳集（hull）上下限的包含关系求解刚度及荷载都具有区间不确定性的线弹性系统响应问题；此后又提出了用惩罚矩阵取代拉格朗日乘子作为相容性约束条件的求解方法。

最优化方法是将区间求解问题转化为含约束的最优化问题。Koylouglu 等针对具有相互独立区间刚度及区间荷载的情况，提出了根据三角不等式及线性规划得到结构响应保守边界的方法，由于系统误差随着维数增大而被放大该方法具有较大局限性；Rao 和 Berke 研究了区间方程组的顶点直接组合解法，并利用区间截断法限制区间扩张；陈怀海采用直接优化法计算具有区间刚度和区间外力向量的结构系统位移响应；王登刚、李杰将区间函数计算和区间线性方程组求解转化为相应的全局优化问题来确定每个区间元素的边界值，采用实数编码遗传算法求解全局优化问题。值得注意的是，这些方法往往没有考虑区间参数耦合的问题。

基于区间的非概率可靠性分析方面，Ben-Haim 将区间分析思想引进单

自由度振动系统的可靠性分析中，提出了基于区间的非概率可靠性概念，在此基础上，进一步提出了所谓鲁棒可靠性的概念，即可靠性以结构系统所能容忍的不确定性干扰的最大程度确定，结构系统在失效前能承受的不确定性越大，可靠性越高；郭书祥等用区间变量描述结构不确定性参数，通过区间分析得到功能函数区间，以该区间标准化后的中值和区间半径比值作为可靠性评价指标，该指标具有三值逻辑的特征并符合 Ben-Haim 鲁棒可靠性的定义；此后进一步提出了概率-非概率混合可靠性模型，该模型同时考虑随机变量和区间变量，通过二级功能方程将非概率可靠性与随机可靠性分离得到失效概率的上下界限。

此外，Nakagin 等提出了基于区间有限元的反分析，在假设刚度矩阵为确定值情况下，通过拉格朗日乘子辨识不确定位移下方板平面结点荷载分散程度；王登刚等建立了港道围岩初始应力及弹性模量的反分析模型、混凝土坝振动参数的区间反分析模型，以约束变尺度方法求解。

1.4 结构抗震分析

近年来，基于结构性能的抗震设计思想逐渐成为业界的主流，其基本思想是针对每一种设防水准将结构抗震性能划分为不同等级，采用合理的抗震性能目标及构造措施进行设计，使结构在不同地震作用下的破坏程度在可接受范围内。另外，基于性能的方法也被引进到在役结构抗震性能评估中，以此实现在役结构的维护决策及保障结构性能的目的。

结构抗震的不确定性分析，涉及结构抗力不确定性分析、地震作用不确定性分析以及在此基础上结构抗震性能的不确定性分析三个相互有机结合的内容。由于震源机制、传播路径、场地土特征的不同，作用在结构上的地震作用往往具有较大的不确定性。相对于结构抗力的不确定性，地震作用具有更大的不确定性且对结构抗震性能具有决定性的影响。为了研究在不同震源机制、传播路径下地震运动到达目标场地时地震作用的实际效果，地震作用衰减模型，或称为地面运动预测方程，被工程地质学家提出用于描述从震源到目标场地的地震作用衰减关系。通过该模型，给定区域的地震地质特征被转换为用于结构设计及风险评估的地震作用。地震作用衰减模型通常以概率统计回归分析为基础，地震作用本身常取谱加速度值或地面峰值加速度，衰减模型或预测方程所涉及的基本变量通常量化为随机变量，分为用于描述地震源的变量、用于描述场地特征的变量、用于描述地震波传播路径的变量。一些广泛使用的衰减模型，如 Silva 基于 58 场地震的 655 条记录，提出的关于地震谱加速度与震级、震中距、场地土类型等的经验衰减概率回归模型，Boore 等提出的关于北美西部浅层地震作用下谱加速度与峰值加速度的预测模型，以及 Campbell 提出的近源地震衰减模型等。由太平洋地震工程研究中心、美国地质调查所、南加州研究中心联合实施的 NGA 计划，旨在通过一个广泛而高度协作研究计划，研发全新的美国西部浅部地壳地震的地震衰减模型，五个团队分别研发了五套独立的衰减模型，这些基于更为一致精确的地震记录数据库得到的衰减模型较以往衰减模型具有更好的鲁棒性及客观性（数据驱动)。采用回归分析方法得到的衰减模型或预测方程，通常视输入参数或变量如剪切波速、矩震级、震源距离为确定值而忽视其不确定性，Moss 讨论了输入参数的统计不确定性估计方法，及在贝叶斯框架下考虑参数不确定性的地面运动数据回归的一般过程，使用该方法可以获得更为准确且有所降低的模型方差；Sigbjornsson 将模型化地震作用所涉及的不确定性分为两大类，一类与模型函数形式相关，另一类则源于模型基本变量内在的不确定性，基于理论模型并以一组独立随机变量函数关系建立的地震作用衰减模型，可以由基本变量直接得到地震作用的不确定性，这样即克服了地震风险分析中由一般回归衰减模型导致的误差项分布截尾敏感的缺陷。

在地震灾害损失估计中，地面运动不确定性是仅次于地震本身是否发生的不确定性的影响评估结果的重要因素。地面运动的不确定性通过结构损伤估计传递给最终的震害损失估计结果，由于结构所遭受的地面运动强度与结构响应之间复杂的非线性关系，地面运动不确定性对评估结果的影响是异常复杂的，因此对于震害损失估计或结构抗震性能评估而言，一方面选择合理的地震作用衰减模型极其重要，另一方面对于结构工程师而言，合理选择表征地震作用的强度指标是确定结构地震响应、评估结构地震损伤首要问题。Cornell 认为，对于结构工程师而言，地震强度指标的选择应该满足充分性和有效性的原则，其中有效性是指在给定地震强度指标下结构响应具有较小的离散性，而充分性是指给定地震强度指标下结构响应的条件独立性，即不再依赖其他相关的地震强度指标。基于上述原则，Cornell 依据三种典型结构地震响应比较了弹性或弹塑性谱位移为基础建立的几种地震强度指标的各自优劣；Baker 和 Cornell 针对单一值作为地震强度指标的不足，提出了双参数地震强度指标，定义为地震记录的谱加速度值，以及它与地面运动预测模型均值的差值 ε，其中后者能较好地预测结构在地震作用下的响应；对于具有速度脉冲特性且能造成结构较大响应的近场地震，传统的地震强度指标不足以描述其影响，Baker 等组合第一周期谱加速度及反应谱形状参数构成的新地震强度向量指标以考虑近场地震中脉冲周期的影响并将之应用于近场地震作用下结构可靠性评估；Tothong 和 Luco 对一般及近场地震记录进行概率地震需求分析，认为弹性谱加速度和 ε 构成的向量指标作为地震强度指标对近场地震仍显不足，而非弹性谱位移对第一阶振型控制的结构、考虑前二阶振型的地震强度指标对高阶敏感结构则表现出相对的精确性。

目前的结构抗震不确定性分析，多采用基于概率的理论及方法。欧进萍等以地震烈度随机性为基础，系统地研究了相应于设计基准期内结构随机地震作用的统计参数和概率分布，建立了随机地震作用模型。在基于性能的抗震理论中，地震力降低系数R与相应强震下结构的位移延性需求μ随结构周期T的相互关系，简称$R-\mu-T$关系，是其中研究的一个热点。$R-\mu-T$关系本质是不同结构抗力水平下的延性反应谱，据此可以方便地实现从传统的基于力的设计到基于位移（性能）设计的转变。根据中等周期结构的等能量原则、长周期结构的等位移原则，Newmark 和 Veletsos 提出了最简单$R-\mu-T$关系；此后，Krawinkler、Miranda 等国外研究人员陆续提出了考虑不同滞回模型、不同场地特征以及不同阻尼条件的$R-\mu-T$关系。在我国，卓卫东等以 Clough 刚度退化模型计算了 327 条地震记录的单自由度体系非线性时程响应，并给出了对应于 89 规范的Ⅰ、Ⅱ、Ⅲ类场地的$R-\mu-T$关系；吕西林按 2001 新规范将 641 条地震记录划分为 12 组，给出了相应的$R-\mu-T$关系；张海燕、易伟建等对收集到的 637 条地震记录按规范划分为 12 组，以屈服水平系数η代替强度折减系数R，建立了相应的$\eta-\mu-T$关系，并给出了相应的统计参数。

在基于性能的抗震理论中，静力弹塑性分析方法，又称为推覆分析方法，由于其计算过程的简单易行以及能较好地估计以第一阶振型为主的结构的顶点位移及薄弱层位置，目前已写入规范成为抗震性能分析的主流方法及研究重点。推覆分析方法从本质上说是一种静力非线性计算方法，通过对结构逐级施加具有某种分布的侧向水平荷载，使结构历经由弹性进入弹塑性直至达到目标位移或形成机构而破坏，由此可以获得结构的能力曲线，它是评估结构抗震性能的一个重要理论依据。加载模式代表了地震作用下惯性力的分布状况，因此为了获得更为准确的结构能力曲线，推覆分析的主要研究方向集中在侧向加载模式的选择上。在 FEMA273/274 中推荐

采用三种分布模式：均匀分布模式、倒三角分布模式以及指数分布模式，由于这些侧向力分布模式在整个加载过程中保持恒定因此其被称为固定式侧向力模式，在结构高阶振型影响不显著且结构破坏模式单一固定时，该侧向力模式可以较好预测结构响应。为了考虑高阶振型以及结构在进入屈服后刚度重分布的影响，一方面，许多学者提出了自适应的加载模式，这些加载模式具有时变特征，即根据结构的刚度及振型的变化不断调整侧向力的形状分布；另一方面，部分学者直接将高阶振型纳入标准的推覆分析过程中，如 Chopra 的模态推覆分析（MPA）通过 SRSS 组合规则综合考虑了结构前几阶振型对结构地震响应的影响。

上述推覆分析是确定性的分析方法，在考虑地震作用及结构抗力的不确定性后，推覆分析相应地具有不确定性。欧进萍等根据影响结构抗力的主要随机因素建立了随机抗力曲线，根据随机地震作用模型考虑地震作用随机性，由此建立了概率推覆分析方法评估结构抗震性能；贾立哲针对概率模型的不足，提出了采用双界限凸集模型考虑地面运动加速度峰值和反应谱特征周期的不确定性，结合现行抗震设计规范反应谱，求得结构层间剪力区间，并以此为基础建立了一种新的界限侧向加载模式，以凸集理论指导推覆分析过程，得到了结构能力的界限变化区间。

可靠度分析是结构抗震分析的一个主要方面。欧进萍等将结构抗力等效为结构特定损伤下的顶点位移，地震作用效应由推覆分析及能力谱法确定，根据抗力随机性及地震作用随机性的概率分布参数，通过一次二阶矩法计算结构体系可靠度；高小旺等采用随机反应谱法计算滞回结构层间弹塑性最大位移反应，对等效参数的确定提出了改进，并依据主要影响因素，分析了混凝土框架结构层间极限位移在罕遇地震作用下的概率分布类型和统计参数；欧进萍等依据随机地震作用模型及结构体系可靠度分析的最弱失效模式法，提出了结构体系的“小震不坏”“大震不倒”及结构系统在设计基准期内抗震可靠度分析方法，重新校准了结构构件目标可靠度指标，并提出了满足目标可靠度指标的最优设计准则。概念设计的可靠性分析也是结构抗震可靠性分析的一个研究方向。马宏旺、赵国藩研究了不同荷载比、不同材料强度等级及配筋率对梁可靠度影响，在此基础上，以剪切破坏占梁总体破坏的比例作为度量分析了梁的“强剪弱弯”设计可靠性；袁贤讯、易伟建从可靠度校准的角度分析了“强柱弱梁”及轴压比限值的概率意义，从梁柱失效概率对比定性地分析了强柱弱梁的条文规范对框架最后破坏机构形式的影响，并讨论了放宽规范轴压比限值的思路与方法；Dooley 分析了依据美国混凝土设计规范设计的混凝土框架，在不同弯矩增大系数条件下结构位移需求超越位移能力的概率特性；张海燕分别从构件层次和结构体系层次的“强柱弱梁”定义出发，对不同抗震等级的混凝土框架梁柱抗震可靠度进行分析，结合一个 5 层框架形成整体破坏机构和层间破坏机构的概率分析结果探讨了现行规范存在的问题。

1.5 专家系统应用

专家系统是随着计算机技术迅速发展起来的人工智能应用领域，本质上是一个能在某特定领域内、以人类专家水平去解决该领域中困难问题的计算机程序，一般由知识库、推理机、数据库和人机接口组成。按照推理机制的不同，专家系统可分为确定性推理和不确定性推理，事实上，由于工程实际中大量存在的不确定性，应用于工程领域的专家系统大多基于不确定性推理。

构造专家系统需要解决两个问题，其一是信息或知识在计算机中的表达；其二是不确定性推理机制的实现。较为常用的信息或知识表达，有一

阶谓词表示法、语义网络、框架表示法、面向对象表示法、基于规则的表示法等；不确定性推理指的是不确定性在推理链上的传播，比较有名的几种不确定性推理模型包括确定性因子模型、主观 Bayes 的 PROSPECTOR 模型、模糊推理等。

应用于工程结构的专家系统发展较晚，从 1965 年费根鲍姆提出专家系统，直到 1979 年，美国普度大学率先研制了房屋破损评估专家系统 Speril-I，并不断研发其后继版本；而在我国，该方向的研究则是开始于 80 年代末：1987 年清华大学刘西拉教授与美国普度大学蔡庆合作，研制了钢筋混凝土结构破损评估专家系统；1988 年，清华大学、四川大学、四川建筑研究院等单位合作，就单层厂房破损评估专家系统进行了研究，建立了 raise1、raise2 等系统；同年，原冶金部建筑研究总院的秦权、刘铁梦等研究了混凝土结构裂缝诊断与对策系统 Crack 和单层 R.C 厂房综合可靠性评定的专家系统。表 1.1 列举了国内外的几个用于损伤评估的专家系统。

目前所发展的结构工程专家系统，知识表达及推理大多采用框架结构、产生式规则。如 Raise 采用产生式规则和决策表来表达知识，针对土木工程实际特点，提出了将整个结构分解为各个部分，以各部分因素的评估来评估整体的所谓“因素关系图”的方法，此基础上，用子程序融合过程性知识表示和叙述性知识表示于一体；在 Speril-Ⅱ中，采用基于规则的知识表达法，并将元规则（META RULE）引进系统，利用它们进行推理控制。对于不确定性推理方式，Speril-Ⅱ采用确定

性因子描述规则和事实的不确定性，对于多个规则推出同一结论的情况，最终结论的确定性因子计算采用的是 DS 理论中的证据组合方法；Raise 根据因素关系图中节点类型采取不同的推理方式，同时包括了确定型推理和不确定性推理。Chiang 等用 Petri 网作为知识表达和推理的工具建立了桥

梁损伤评估专家系统，Petri 网是一种基于模糊推理的语义网络，它既是一种知识表达方式也是一种不确定性推理逻辑；此外，基于案例的知识表达与推理系统近年来在结构工程领域

表 1.1　国内外损伤评估专家系

系统信息	作用	知识表达	推理机制特点
Speril-Ⅰ，Purdue 大学，1981 年	对遭受地震作用的现有钢筋混凝土及钢结构作损伤评估，输入包括地震期加速度记录、外观评价及其他参考数据	含确定性因子的 IF-THEN 规则，把确定性因子而非损伤等级看作损伤程度（1-10）的模糊集	规则前提的匹配采用模糊匹配算法计算“匹配度”，结论的确定性因子计算类似 MYCIN；对于多个证据下的相同结论，采用基于离散数值论域模糊集的证据组合算法，使组合限制在有限次数内
Speril-Ⅱ，Purdue 大学，1984 年	对遭受地震作用的现有钢筋混凝土及钢结构作损伤评估，输入包括地震期加速度记录、外观评价及其他参考数据	失效概率的负对数作为安全测度；产生式规则表达知识；确定性因子不再作为模糊集	类似 MYCIN 的简单确定性因子推理算法：$C_B = C_A C_{AB}$；多条规则导出同一结论的证据组合算法（COMB），其基本概率分配函数定义为：$m(A_i) = \alpha\mu_S(x_i)/\sum\mu_S(x_j)$；元规则控制推理进程
RAISE，清华大学，1987 年	对钢筋混凝土单层工业厂房进行可靠性评估、损伤原因诊断及加固补强方案推荐	以框架表示模型化知识；规则与决策表并存	基于因素关系图方法构建系统推理机制；破损原因诊断的联想模型；通过因素关系图建立推理机制，推理方法包括连续值问题的确定性、不确定性推理
SASIBR，冶金部建筑研究总院，1991 年	对单层钢筋混凝土厂房进行抗震性能鉴定，包括出具鉴定报告、不合格部位清单及总体评价	分层分块知识结构及外部平面有限元静动力通用分析程序、构件强度验算程序	基于模型的推理模式；结构分析计算功能完善，实用性强
CBRPES，日本，1995 年	混凝土桥梁评级系统原型	分层分级的知识结构，采用 BAM 神经网表达知识	把模糊规则表示为 BAM 神经网，模糊推理则转化为神经网的计算，利用神经网的学习功能不断提高系统性能，突破了传统基于规则专家系统规则库维护困难的问题
FPNES，中国台湾国立中央大学，1998 年	桥梁损伤评估	模糊真值量化的模糊事实、模糊规则描述，层次化模块化的知识库结构	采用模糊派曲网（Fuzzy Petri Network）使知识结构描述可视化，模块化，利用派曲网的特点实现模糊推理，维护容易
NUDES，东北大学，2000	钢和钢筋混凝土梁的损伤定位	两个独立的部分：基于神经网络的知识库与基于状态空间的知识库	两条不同的推理路径：基于神经网络的推理快速，模拟人的联想直觉判断；基于状态空间知识的逻辑推理

得到了广泛应用：如中国建设设计研究院、上海交通大学等与香港科技大学联合开发的基于案例推理的高层建筑结构初步设计系统 HIPRED-2，该系统采用面向对象的技术组织案例，把案例组织成三个层次：抽象层、具体层和图形层：抽象层采用了 8 个设计参数对案例作最高抽象，具体层记录案例的详细背景信息，图形层记录了结构几何信息、结构分析信息；通过 SOM 自组织特征映射网进行案例检索，采用开放的面向对象推理机 OOOR 用于案例的修改，随着案例库的扩展，系统知识容量不断增加，系统的“智能”也随之增长。在损伤诊断评估领域，基于案例推理的研究主要侧重结构承载能力及状态预测，如 Mathew 等用 CBR 预测双向弯曲作用下的砌体墙板极限承载力，案例用四个参数和三种计算模型（有限元、英国规范、澳洲规范）下的预测结果表示，新问题通过从案例库中检索相似的案例以确定最合理的极限承载力计算模型；Morcous 等使用 CBR 构建了桥梁下部结构的劣化模型，并以此模型用于预测其未来状态：需要预测未来状态的桥梁作为查询案例，查询案例中有关劣化因素的属性与案例库中的案例的属性比较并计算相应属性的相似度，通过加权的方法合计所有的属性相似度。

专家系统在工程领域的应用研究方兴未艾。立足于不确定性理论，研究不确定性信息与知识表达、推理机制对于构造结构工程领域的专家系统具有较高的理论价值和实际意义。

1.6 小 结

结构工程不确定性分析是现代土木工程领域研究的一贯方向和重要内容。由于地震作用及结构抗力存在大量不确定因素，因此工程结构抗震分析应基于不确定性理论框架内。已有的结构工程不确定性分析研究虽取得一些成果与进展，但在结合抗震分析研究方面，仍存在以下几个方面的问题。

① 概率方法被普遍应用于结构工程抗震的不确定性分析中，然而这些研究大多采用基于古典统计学派的分析方法。针对只有少量观测样本的情形，基于古典统计学派的分析方法有其局限性。

② 基于贝叶斯统计推断的方法在结构工程领域得到广泛的应用，然而其进阶形式——贝叶斯网，一种可以表达更多因果链及其概率关系的概率模型，在结构工程领域中的研究涉及甚少。此外，由于结构抗震涉及诸多不确定因素，简单的贝叶斯统计推断并不适合复杂的结构抗震分析。

③ 在实际工程问题特别是结构抗震分析中，可靠度问题所涉及的不确定性不仅包括随机性，也包括模糊性，然而目前大多数可靠度分析研究都局限于概率方法，仅以随机性表达可靠度问题中涉及的所有不确定性。

④ 单一确定值描述的结构特征参数，如第一周期等，并不能完整描述结构在强震作用下所表现出的特征。而根据单一确定值化的结构特征参数所建立的地震强度指标，诸如第一周期谱加速度等，可能会导致对结构地震响应的预测结果偏差较大，且预测结果依赖于其他地震特性等涉及地震强度指标充分性和有效性的问题。而目前的地震强度指标研究基本不涉及结构特征自有的不确定性而通常将其视作确定性特征加以考虑。

本书针对几类典型的不确定性方法，以混凝土结构抗震性能为背景，进行了以下几个方面的研究。

① 构造基于离散贝叶斯网的专家系统用于混凝土结构的诊断与评估。重点阐述基于贝叶斯网的知识表达和离散贝叶斯网的推理算法、面向对象技术在模块化专家系统中的应用，以钢筋混凝土耐久性诊断为例说明了合树推理算法过程，结合混凝土结构抗震性能评估，演示了该系统在信息不

完备这类土木工程中常见的不确定性环境下的具体应用。

② 采用连续型贝叶斯网分析结构延性需求。主要内容包括如何根据过往的统计知识及工程经验构造贝叶斯网描述结构延性需求，并且在给定观测值条件下计算延性需求的后验概率。

③ 将模糊集理论运用于近场地震强度指标的建立。在对比分析了已有的9种地震强度指标在71条地震记录下的表现的基础上，提出了基于模糊代表值的两种新强度指标，分析了各自充分性和有效性及适用范围。

④ 强剪弱弯设计概念的区间可靠性分析。涉及强剪弱弯区间可靠性模型的建立、功能函数的区间运算方法以及相应的抽样模拟算法，通过算例分析了各设计因素对“强剪弱弯”可靠性的影响，并提出了相应的设计建议。

第 2 章　离散贝叶斯网的诊断评估专家系统

2.1　基于贝叶斯网的知识表达及推理

专家系统是运用专家的知识和推理方式解决复杂的专业领域问题的人工智能计算机程序。20 世纪 70 年代以来，专家系统被广泛运用到各个专业领域。专家系统就构造而言，分为推理机、知识库、数据库三个主要部分，其中知识库采用 IF-THEN 形式的规则存储专家知识；数据库用于保存用户输入数据以及中间过程数据；推理机采用模式匹配的方法，根据用户的输入数据从知识库中寻找相应规则，运用展开搜索的方式推理出结论。根据搜索方式的不同又可分为向前搜索（如 CLIPS），和向后搜索（如 PROLOG）。

以往的专家系统存在很多的缺陷，最为突出的问题有两个：其一是无法在不确定数据输入基础上进行推理，这里的不确定性数据包括两种类型：缺失的数据（不完备）和不确定性数据；其二是在知识的表达上要求太精确，无法表达出知识的不确定性（比如随机性和模糊性）。由于土木工程中许多的实际问题都包含了这两种不确定性因素，因而限制了专家系统在土木工程中的运用。

随着不确定性推理在人工智能领域的深入研究，许多不确定性表达-

推理模型被提出并运用于专家系统。其中，贝叶斯网模型（BN）是在贝叶斯概率统计理论的基础上建立的基于图模型的知识表达-推理结构，它运用先验概率表达人的先验知识，运用条件概率表达知识的不确定性，使得整个推理过程可以在数据缺失的情况下进行。

另一方面，模糊推理技术得到普遍采用。模糊推理的主要优势在于它对专家知识的处理。模糊推理是通过使用模糊逻辑，形成从给定输入到输出的映射的过程。这个映射过程包括以下四个方面：隶属度函数的确定、模糊逻辑操作、IF-THEN 规则模糊逻辑蕴涵操作、反模糊化，其理论基础是模糊数学。

从理论基础来看，模糊逻辑的起点是模糊集合，模糊集合是无明确边界的集合，集合内的元素 A 通过隶属度 $\mu(A)$ 描述该元素属于集合的程度；而贝叶斯网推理是以概率理论为基础的，某一随机事件 A 的概率 $P(A)$，刻画的是在相同条件下 A 发生的确定程度，而事件 A 本身是二值逻辑的：要么发生要么不发生，属于普通集；从以上对比可以看出，模糊逻辑和概率理论描述的是反映客观世界两种不同的属性：模糊性和随机性。从推理的过程看，模糊推理要求完备的输入，而贝叶斯网则可以在不完备的输入集上进行；模糊推理用的是反映模糊蕴涵关系的 IF-THEN 规则，推理是单向的，而贝叶斯网用条件概率描述事件之间发生的联系，推理是双向的。

在本章中，以混凝土结构的钢筋锈蚀问题为例，详细阐述了贝叶斯网的知识表达、图论的相关基础性概念以及建立在图论基础上的贝叶斯网概率推理的一般过程，在此基础上，采用面向对象的编程技术及基于模块化的设计构造了通用型的贝叶斯网专家系统，给出了混凝土结构的钢筋锈蚀诊断问题的分析实例，采用多重网络的方法，对钢筋混凝土框架结构抗震性能评估问题进行了分析。

2.1.1 贝叶斯网的知识表达

贝叶斯网（Bayesian Network）是由一个有向无环图（DAG）和与之相联系的一组概率分布函数构成的。其中有向无环图是贝叶斯网的拓扑结构，记作 $G(V,E)$，是由一组节点 $V=\{1,2,\cdots,n\}$ 和连接节点的有向边 E 构成的，图中的每个节点 $i\in V$ 表示所讨论问题论域的一个随机变量 X_i，有向边代表的是两个随机变量之间的因果联系。贝叶斯网的有向无环图，实质是论域所涉及随机变量的因果关系图，而唯一的强制性要求是在该因果关系图中不存在环路，即不存在“自为因果”的关系。

以图 2.1 所示为例，该有向无环图描述了钢筋锈蚀诊断（或其他诊断评估系统）的各因素或者说随机变量的因果关系：混凝土的开裂程度 X_3 及混凝土质量 X_4 决定着其抗渗透性，其中与钢筋锈蚀有关的三个渗透性指标分别是透水性 X_5、透气性 X_6（Clam 试验）和氯离子渗透性 X_7（库仑试验），它们与环境因素（包括环境湿度 X_8、二氧化碳浓度 X_9、氯离子浓度 X_{10}）相互决定着混凝土的含水量 X_{11}、碳化程度 X_{12}、钢筋与混凝土界面上的氯离子浓度 X_{13}，这三个因素决定锈蚀程度 X_{14}，而不同的锈蚀程度对应不同程度的纵向裂缝的展开 X_{15} 及钢筋失重率 X_{16}；且不存在任何从因素自身到自身的关系环路。

在有向无环图中，有向边的起始节点称为终节点 i 的双亲节点或父节点，记做 $X_{\pi i}$；对应的终节点 i 被称为子节点：例如，图 2.1 中透水性 X_5 和环境湿度 X_8 是混凝土含水量 X_{11} 的双亲节点，X_{11} 是 X_5 和 X_8 的子节点；而混凝土含水量 X_{11}、碳化程度 X_{12}、界面氯离子浓度 X_{13} 是锈蚀程度 X_{14} 的双亲节点，X_{14} 是 X_{11} 和 X_{12}、X_{13} 的子节点。混凝土的开裂程度 X_3、水灰比 X_1 和级配比 X_2、环境湿度 X_8、二氧化碳浓度 X_9、氯离子浓度 X_{10} 这六个节点没有双亲节点，DAG 中没有任何双亲节点的节点称为初始节点。如果存在从节点 1 指向节点 2 的有向边，则称节点 1 为节点 2 的祖先，节点 2 为节点 1 的后代：例如混凝土质量 X_4 是混凝土的含水量 X_{11} 的祖先节点，X_{11} 是 X_4 的后代；进一步说，混凝土含水量 X_{11} 的后代节点构成的集合为 $\{X_{14},X_{15},X_{16}\}$，其他节点均属于它的非后代节点集，而初始节点水灰比 X_1 的非后代节点集为 $\{X_2,X_3,X_8,X_9,X_{10}\}$，图 2.1 中其他所有节点均属于其后代节点；如果有向图中的一个节点子集中所有节点的祖先节点也在该集合中，则称该节点子集为祖先集：例如节点集合 $\{X_1,X_2,X_3,X_4,X_5\}$。

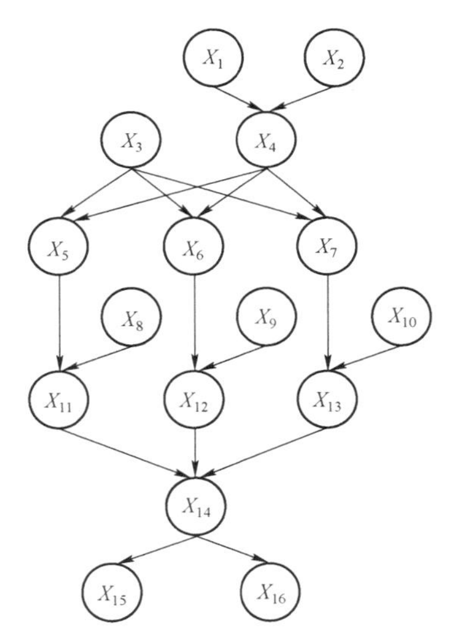

图 2.1　有向无环图

表 2.1　变量名及取值

变量名	变量取值及相关意义				
	1 级	2 级	3 级	4 级	备注
水灰比	＞0.8	0.8～0.6	0.6～0.4	＜0.4	
强度等级	＜C30	C30～C40	C40～C50	＞C50	
开裂程度	＜0.2	0.2～0.4	0.4～0.6	＞0.6	平均宽度，毫米计

续表

变量名	变量取值及相关意义				
	1 级	2 级	3 级	4 级	备注
混凝土质量	综合评定指标				
抗透气性	＞0.9	0.9～0.5	0.5～0.1	＜0.1	ln（压力）/min
抗渗水性	＞3.4	3.4～2.6	2.6～1.3	＜1.3	$m^3\times10^{-7}/\sqrt{min}$
抗氯离子渗透性	＞4000	4000～2000	2000～1000	＜1000	通过电量/C
环境氯浓度	正常室内	正常室外	污染环境	临海环境	
环境湿度	＜25%	25%～50%	50%～75%	＞75%	大气相对湿度
二氧化碳浓度	＜0.04%	0.04%～0.22%	0.22%～0.4%	＞0.4%	大气 CO_2 浓度
混凝土含水量	＞3%	3%～2%	2%～1%	＜1%	含水/干燥（质量比）
碳化程度	＜0.6	0.6～0.8	0.8～1	＞1	碳化深度/保护层厚
界面氯离子浓度	＜0.08%	0.08%～0.24%	0.22%～0.4%	＞0.4%	酸溶性氯含量
锈蚀程度	综合评定指标				
纵向裂缝	＜0.2	0.2～0.4	0.4～0.6	＞0.6	平均宽度，毫米计
钢筋失重率	＜4%	4%～8%	8%～12%	＞12%	

除了有向无环图外，贝叶斯网的定义还包括与之相联系的一组概率分布函数 $P(X_i \mid X_{\pi i})$：设 $\tilde{X}_i$ 表示随机变量 X_i 的取值，对于每个节点 $i \in V$，定义一个条件概率函数 $p(X_i = \tilde{X}_i \mid X_{\pi i} = \tilde{X}_{\pi i})$，即给定双亲节点 $X_{\pi i}$ 状态或取值为 $\tilde{X}_{\pi i}$ 条件下节点 X_i 取值为 $\tilde{X}_i$ 的条件概率，例如，对于节点混凝土含水量 X_{11}，需要定义的是在给定混凝土透水性 X_5 及在给定环境湿度 X_8 条件下其取值的所有条件概率，即 $P(X_{11} \mid X_8, X_5)$；对于初始节点，由于不存在双亲节点，则有 $P(X_i \mid X_{\pi i}) = P(X_i)$，即所谓的"先验概率"，图 2.1 中，需定义的是混凝土开裂程度 X_3、水灰比 X_1 和级配比 X_2、环境湿度 X_8、二氧化碳浓度 X_9、氯离子浓度 X_{10} 这五个初始节点的先验概率。

贝叶斯网设定，任意节点 i 条件独立于由 i 的双亲节点确定的所有非后代节点构成的任何节点子集：设 $A(i)$ 为图中节点 i 的非后代节点的任意集合，

$X_{\pi i}$ 为其双亲节点集，则节点 i 条件的条件独立性可表示为 $P(X_i \mid X_{A(i)}, X_{\pi i}) = P(X_i \mid X_{\pi i})$。例如，对于图 2.1 中 X_{14}，其非后代节点集为 $\{X_i \mid i = 1 \sim 13\}$，双亲节点集为 $\{X_{11}, X_{12}, X_{13}\}$，则存在关系 $P(X_{14} \mid X_1, \cdots, X_{11}, X_{12}, X_{13}) = P(X_{14} \mid X_{11}, X_{12}, X_{13})$，即锈蚀程度 X_{14} 的状态取值仅仅与混凝土的含水量 X_{11}、碳化程度 X_{12}、界面上氯离子浓度 X_{13} 的取值相关，给定这三个双亲节点状态后，锈蚀程度 X_{14} 的取值独立于其他所有先导因素，即不受诸如环境湿度 X_8、二氧化碳浓度 X_9、氯离子浓度 X_{10} 等等因素的影响。由贝叶斯链式规则，以及贝叶斯网中节点的条件独立性，贝叶斯网中所有 n 个节点或随机变量的联合概率分布可表示为

$$P(X_1, X_2, \cdots, X_n) = \prod_{i=1}^{n} P(X_i \mid X_{\pi i}) \tag{2.1}$$

图 2.1 中 16 个节点的联合概率分布可以表示为

$$\begin{aligned} P(X_1, \cdots, X_{16}) = \\ & P(X_1)P(X_2)P(X_3)P(X_8)P(X_9)P(X_{10})P(X_4 \mid X_1, X_2) \\ & P(X_5 \mid X_3, X_4)P(X_6 \mid X_3, X_4)P(X_7 \mid X_3, X_4) \\ & P(X_{11} \mid X_5, X_8)\ P(X_{12} \mid X_6, X_9)P(X_{13} \mid X_7, X_{10}) \\ & P(X_{14} \mid X_{11}, X_{12}, X_{13})P(X_{15} \mid X_{14})P(X_{16} \mid X_{14}) \end{aligned}$$

图 2.1 是根据钢筋锈蚀影响因素的因果关系建立的，通过赋予各节点条件概率及先验概率，该贝叶斯网完整定义了与钢筋锈蚀相关的所有状态空间的概率分布，它其实是钢筋锈蚀相关知识的概率化表达。事实上，由贝叶斯网的设定及式（2.1）可知，一个贝叶斯网其实代表了一类特殊的联合概率分布族，该联合概率分布族蕴涵了一组特殊的条件独立性。这些条件独立性实质上来源于贝叶斯网中连接节点的有向边所代表的节点之间的因果联系，整个有向无环图实际上是一个因果联系图，所以贝叶斯网有时又叫作“因果网”。从贝叶斯网构造过程看，人类专家往往倾向于使用直觉因果概念来构造贝叶斯网，而这通常可以使得该贝叶斯网所包含的条件独立性假设更加适用，正如 Heckerman 所指出的“……为

了构造一个给定变量集的贝叶斯网，我们从原因变量直接向结果变量画弧。在所有情况下，这样做会生成一个贝叶斯网，它的条件独立性蕴涵是精确的。”

在没有观测值时，利用式（2.1）可以直接计算各个节点的边缘分布，该边缘分布即为各节点的先验分布；当存在部分节点或随机变量的观测数据时，可以获取网络中其他节点的条件概率边缘分布，即所谓后验概率分布，这个过程称为贝叶斯网的推理——它是建立贝叶斯网专家系统的目的所在。

2.1.2 离散贝叶斯网的推理

基于贝叶斯网的专家系统需要解决的核心问题是不确定性推理，即不确定性在网络中的传播问题：其实质是条件边缘概率的计算问题，即给定某个或某些节点的观测值（这些节点称为证据节点 X_{E}），求其他节点（或某些指定节点，这类节点称为查询节点 X_{H}）在指定证据下的条件概率 $P(X_{\mathrm{H}}\mid X_{\mathrm{E}}=\tilde{X}_{\mathrm{E}})$。由于概率推理的实质是条件边缘概率的计算，因此无论是从因到果还是从果到因的推理，其本质都是利用贝叶斯法则计算条件概率，即

$$P(X_{\mathrm{H}}\mid X_{\mathrm{E}}=\tilde{X}_{\mathrm{E}})=\frac{P(X_{\mathrm{H}},\tilde{X}_{\mathrm{E}})}{\sum\limits_{X_{\mathrm{H}}}P(X_{\mathrm{H}},\tilde{X}_{\mathrm{E}})} \tag{2.2}$$

而证据节点 X_{E} 或查询节点 X_{H} 并不限制其在贝叶斯网的位置，因此在贝叶斯网中推理是双向的：任意一个节点都可以做输入的证据节点，也可以做输出的查询节点，这与单向 IF-THEN 形式产生式系统有较大区别，对于土木工程中的耐久性损伤诊断来说很有意义。例如在图 2.1 中，既可以

根据环境湿度 X_8、二氧化碳浓度 X_9、氯离子浓度 X_{10} 这些环境因素或者混凝土开裂程度 X_3、混凝土质量 X_4 等材料因素评估锈蚀程度 X_{14}，也可以根据纵向裂缝的展开 X_{15} 及钢筋失重率 X_{16} 的当前性能状况分析造成该结果的环境因素或者材料因素。

贝叶斯网的不确定性推理算法，按照节点类型的不同可分为近似推理和精确推理两类。近似推理用于处理节点是连续型随机变量或网络构成庞大的情况，其实质是蒙特卡罗方法，即先按照一定方式生成样本，然后从大量的样本中统计得到条件边缘分布，按照采样方式的不同，可分为似然权重采样、Gibbs 采样等。精确推理用于处理节点是离散型随机变量且网络规模不大的情况，主要包括 Polytree 算法、消元算法、合树算法等，其中合树算法是目前在离散贝叶斯网中运用较广、研究较多的精确推理算法，它成功地将概率计算和计算机图论结合起来，收到了良好的效果。以下以钢筋锈蚀诊断贝叶斯网为例，介绍该类算法的相关概念、实现以及基于该算法的专家系统架构。

2.1.2.1　联姻化

合树算法的第一步是联姻化，即连接所有具有共同子节点的双亲节点，同时将有向边转化为无向边。联姻化将有向无环图 2.1 转化为联姻图 2.2，在此过程中，除了子节点为证据节点时双亲节点的条件独立性外，联姻图以“分离”的图形化方式继承了原始有向无环图中以“D 分离”的图形化方式蕴含的其他所有条件独立性。

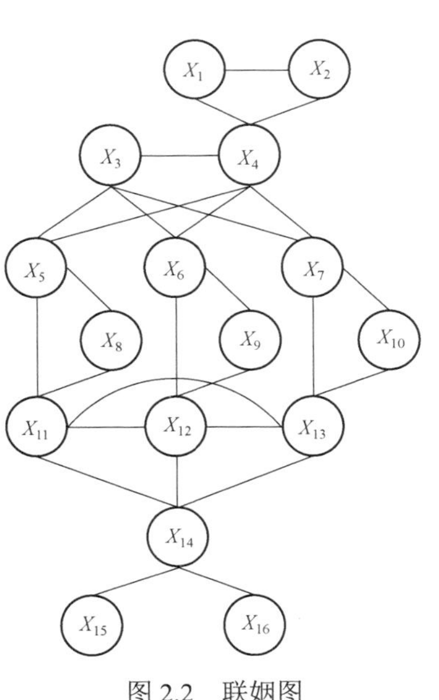

图 2.2　联姻图

在联姻图中，联姻化过程使得子节点

及其相应的所有双亲节点形成了一个全连接的节点子集，被称为“派系（clique）”；如果通过增加一个节点扩展某个“派系”则无法保持其内包含节点的全相连性，则称这个“派系”为“最大派系”。设C为联姻图中的一个最大派系，设MC为图中所有最大派系的集合，则联姻图的联合概率分布为

$$P(X)=\frac{1}{K}\prod_{c\in MC}\psi_c(X_c),K=\sum_X\prod_{c\in MC}\psi_c(X_c) \tag{2.3}$$

式（2.1）到式（2.3）的转化，只需简单地先设联姻图中的每个最大派系的势函数均为1，然后一一对应地乘以式（2.1）中相应的因子项即可，因此从本质上说，式（2.1）和式（2.3）两种分解形式是等价的，联姻图所代表的联合概率分布族包含了有向无环图所代表的联合概率分布族。贝叶斯网推理的进一步的操作将在联姻图的基础上进行。

2.1.2.2　三角化联姻图

合树算法的第二步是“三角化”联姻图，为构造合树做准备。所谓“三角化”是指通过添加无向边使得联姻图中任意一个包含三条边以上的环路具有一条弦，联姻图的三角化是构造合树的充分必要条件。图2.2三角化后如图2.3所示，从图中可以看出，三角化联姻图通过添加无向边增加了节点间的联系，这些联系是构造合树所必须的。为了减少后续工作的计算量，三角化联姻图时应添加尽可能少的边（这样可以使得构造出的合树中的派系节点包含尽可能少的随机变量），然

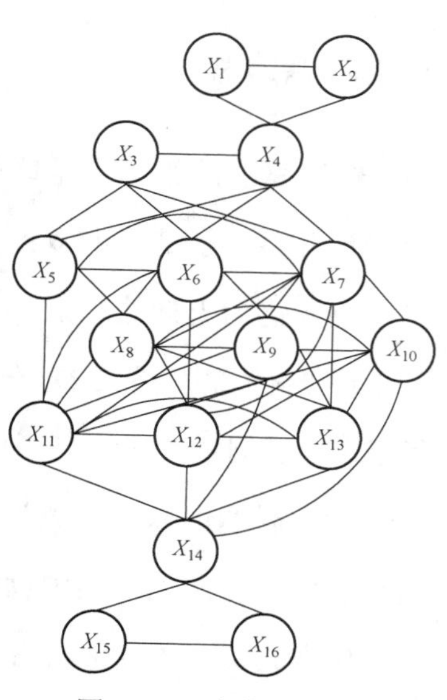

图2.3　三角化联姻图

而，这是一个 NP 完全问题。目前采用的大多数算法都是运用启发式搜索，在贝叶斯网的节点数量不是很多的情况下，这些算法可以取得令人满意的结果。算法 2.1（MCS 算法）是三角化联姻图的常用算法，它根据权重设定一个节点编号，然后根据该节点编号顺序添加无向边生成三角化图，值得注意的是，对同一个三角化图，该算法生成的合树并不是唯一的。

2.1.2.3　构造合树

合树算法的第三步是根据三角化的联姻图构造合树，具体见下文算法 2.2。所谓“合树”，是以联姻图为基础构造的这样一类图结构：它的节点是联姻图中节点的集合，称为派系节点；连接合树的任意两个派系节点α、β的路径上的所有派系节点，都包含了这两个派系节点的交集$\alpha\cap\beta$，这个性质称为合树性质，它是合树推理算法的基础。合树上每个派系节点定义了一个势函数$\psi_C(X_C)$；相邻两个派系节点交集称为分离集派系节点，也对应势函数$\phi_S(X_S)$。定义合树的联合概率分布为

$$P(X)=\frac{\prod_C\psi_C(X_C)}{\prod_S\phi_S(X_S)} \tag{2.4}$$

输入：联姻图$UG(V,E)$，设共有节点 N 个；输出：节点编号 Num

BEGIN

　　对三角化图中的每个节点设权值为$W(v)=0$；

　　FOR　$i=1:\text{N}$

　　　　选择具有最大权的未编号节点z，　$Num(z)=i$；

　　　　对所有未编号且与z相邻的节点y，　$W(y)=W(y)+1$；

　　END

END

输入：联姻图 $UG(V，E)$ 和节点编号 Num；输出：三角化图 G

BEGIN：

$E=\Phi$（空集）；

FOR 节点编号 Num 中的顺序节点 i

连接节点 i 的所有相邻节点得到无向边 E_i；

$E=E\bigcup E_i$；

把节点 i 连同与之相连的边一起从图中移除；

$G=UG\bigcup E$；

END

END

算法 2.1

输入：三角化图 G 和节点编号 Num；输出：合树 T

BEGIN：

找出三角化图中的所有最大派系，设共有 N 个最大派系；根据这些派系所含节点的最高编号，按从大到小的顺序排列；

FOR $i=\text{N}:2$

$node=\Phi$； $S=\Phi$；

FOR $j=i-1:1$

取派系 i 和派系 j 的交集 s；

If $s\supset S$

Then $s\Rightarrow S; j\Rightarrow node$；

END

连接节点 i 和节点 $node$；

END

算法 2.2

合树构造完毕后，需按以下方式初始化各派系节点的势函数：分离集的势函数 $\phi_S(X_S)$ 统统赋值为 1；对于原有向图中的每个节点 i，在派系树中选择一个包含 i 及其所有父节点的派系，把节点 i 的局部条件概率函数 $P(X_i | X_{\pi i})$ 分配到该派系中去，并取 $\psi_c(x_c)$ 为所有分配到该节点的局部概率函数的连乘积。这样，在初始化以后，式（2.4）所表达的联合概率分布与原有向图一致。

如图 2.4 为图 2.3 对应的合树，其中圆角矩形代表派系节点，它是原联姻图的节点集；椭圆形代表分离集派系节点，是相邻派系节点的交集。初始化合树图 2.4 的联合概率分布：对于椭圆形的分离集派系节点势函数 $\phi_S(X_S)$ 统统赋值为 1；第 1 个派系节点 $\{X_1, X_2, X_4\}$ 的势函数构造为 $\psi_1(X_{1,2,4}) = P(X_1)P(X_2)P(X_4 | X_1, X_2)$，第 2 个派系节点 $\{X_3, X_4, X_5, X_6, X_7\}$ 势函数为 $\psi_2(X_{3,4,5,6,7}) = P(X_3)P(X_5 | X_3, X_4)\ P(X_6 | X_3, X_4)P(X_7 | X_3, X_4)$，…，以此类推。显而易见，此时合树的联合概率分布函数等价于最初有向无环图按式（2.1）所定义的联合概率函数。

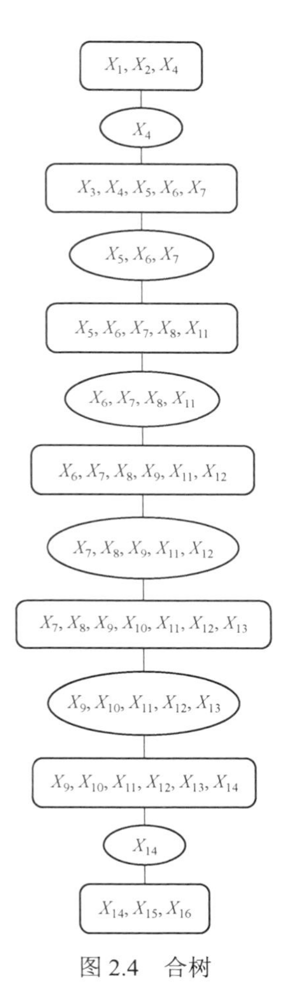

图 2.4　合树

2.1.2.4　合并证据

合树算法的第四步是对合树的各派系节点势函数合并给定的观测证据集。在离散贝叶斯网中，无论是有向无环图中的条件概率、抑或合树中的势函数，实质上都是以“状态值-概率值”记录的二维数据表。贝叶斯网涉及的所有节点可划分为证据节点集合E与非证据节点集合H，对合树的任意派系节点C而言，它与证据节点集合的交集$C\cap E$中的所有节点应取实际观测值$\tilde{X}_{C\cap E}$，此时的势函数$\psi_C(X_C)$只能取原势函数中节点集$C\cap E$状态为观测值$\tilde{X}_{C\cap E}$的那一部分概率分布值，在离散贝叶斯网中它是代表原势函数$\psi_C(X_C)$的二维数据表中的一个“切片”。因此，所谓合并证据，就是在给定证据集观测值条件下，对初始化的派系节点势函数数据表进行“切片”并归一化；未给定任何证据时则保持原始派系节点势函数数据表不变。

2.1.2.5　信息传递

合树算法的第五步是在合树中进行信息传递，再计算此时合树派系节点内各随机变量的边缘分布以完成概率推理。

在初始化合树的各个派系节点势函数或者合并证据集后，合树相邻两个派系节点势函数在它们之间的分离集上边缘化的结果是不一致的：例如，初始化合树 2.4 后，第 1 个派系节点势函数为$\psi_1(X_{1,2,4})=P(X_4,X_1,X_2)$，第 2 个派系节点势函数为$\psi_2(X_{3,4,5,6,7})=P(X_5,X_6,X_7,X_3|X_4)$，二者的分离集为$\{X_4\}$，则$\psi_1$向$X_4$边缘化的结果为$P(X_4)$，而$\psi_2$向$X_4$边缘化的结果为 1。这种不一致性产生的原因，是某些派系节点存在信息的缺失而导致的节点间信息不对称（如ψ_2缺失X_4的概率信息），而解决的方法是采用一种信息传递机制实现合树派系节点之间的“信息传递”。设两个相邻派系节点为α、β，其分离派系节点为γ，α、β、γ的势函数分别为ψ_α、ψ_β、ϕ_γ，* 代表更新值，先让α通过取γ的边缘分布更新β，即：

$$\phi_\gamma^*=\sum_{\alpha/\gamma}\psi_\alpha \quad \psi_\beta^*=\frac{\phi_\gamma^*}{\phi_\gamma}\psi_\beta \tag{2.5}$$

第一个方程首先向γ边缘化势函数ψ_α（式 2.5 中的α/γ表示α中除γ以外的变量节点），并把结果存储在分离集的势函数中；第二个方程中分离集的新势函数与旧势函数的比值称为更新率，β的势函数根据更新率调整。在更新的过程中，由于ψ_α保持前后不变，即$\psi_\alpha^*=\psi_\alpha$，显而易见$\frac{\psi_\alpha^*\psi_\beta^*}{\phi_\gamma^*}=\frac{\psi_\alpha\psi_\beta}{\phi_\gamma}$，这表明式（2.4）的联合概率分布在按式（2.5）更新派系节点前后保持不变。按相同的规则由β更新α

$$\phi_\gamma^{**}=\sum_{\beta/\gamma}\psi_\beta^* \quad \psi_\alpha^{**}=\frac{\phi_\gamma^{**}}{\phi_\gamma^*}\psi_\alpha^* \tag{2.6}$$

由$\sum_{\alpha/\gamma}\psi_\alpha^{**}=\sum_{\alpha/\gamma}\frac{\phi_\gamma^{**}}{\phi_\gamma^*}\psi_\alpha^*=\frac{\phi_\gamma^{**}}{\phi_\gamma^*}\sum_{\alpha/\gamma}\psi_\alpha^*=\frac{\phi_\gamma^{**}}{\phi_\gamma^*}\phi_\gamma^*=\phi_\gamma^{**}=\sum_{\beta/\gamma}\psi_\beta^{**}$可知，此时节点$\alpha$、$\beta$对分离派系节点$\gamma$的边缘概率分布保持一致。式（2.5）被称为节点$\alpha$向节点$\beta$的发送信息，式（2.6）被称为节点$\alpha$从节点$\beta$接受信息。

Evidence Collection (node α)

　　Begin

　　　　FOR 节点α的相邻节点β

　　　　　　UPDATE[node α,Evidence Collection(node β)]

　　　　End

　　　　Return(node α)

　　END

Evidence Distribution (node α)

　　BEGIN

　　　　FOR 节点α的相邻节点β

　　　　　　UPDATE(node β,node α)

　　　　　　Evidence Distribution (node β)

END

END

算法 2.3

式（2.5）和式（2.6）两个方向的信息传递使得相邻两个派系节点彼此间概率信息得到交流，因而边缘分布保持了一致。然而对整个合树来说，仍需一个整体控制机制来协调所有节点间信息传递次序以保证合树中所有节点间的信息交流。合树算法中称这种整体控制机制为“信息传递协议”，它规定，一个派系节点能向它的一个相邻派系节点发送信息，当且仅当该节点已从其他所有相邻节点接受到了信息以后。例如，在合树 2.5 中，第 2 个派系节点 $\{X_3,X_4,X_5,X_6,X_7\}$ 在向第 1 个派系节点 $\{X_1,X_2,X_4\}$ 发送消息之前，必须先接收来自第 3 个派系节点 $\{X_5,X_6,X_7,X_8,X_{11}\}$ 的消息，否则派系节点 1 将得不到来自节点 3 的概率信息。

“信息传递协议”在具体算法上的实现，是预先设定合树的一个派系节点为根节点，再调用两个递归过程：证据收集与证据分布，如算法 2.3 所示。算法中的 UPDATE（node α，node β）为式（2.5）与式（2.6）。图 2.5 为算法 2.1 在联合树图 2.4 上的具体运行示意图，取第 7 个派系节点为根节点，箭头代表信息传递的次序。通过这两个递归过程，合树所有派系节点之间的概率信息得到彼此交流，其边缘概率分布保持了两两一致，而由合树性质可知，这种局部的一致性蕴含了整体的一致性，因此整个合树的联合概率分布和合树各个派系节点的边缘分布是一致的，对任意派系节点内的随机变量取边缘分布也即等同于对整个联合概率取边缘分布。最后通过对派系节点内的随机变量取边缘分布，完成合树的概率推理。

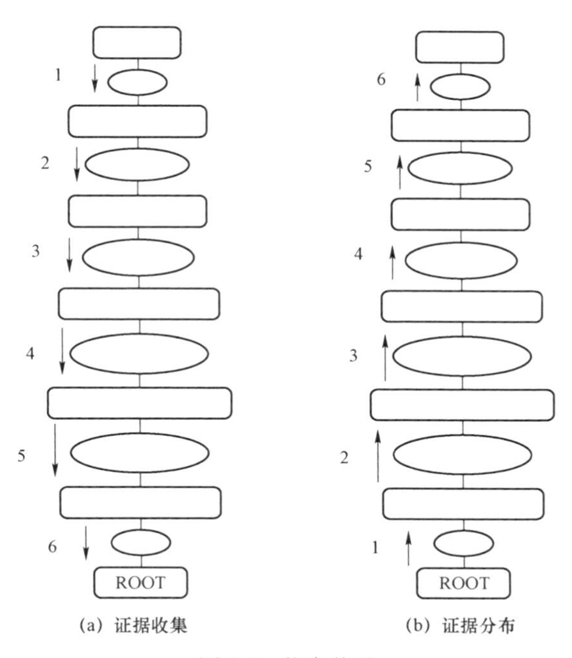

(a) 证据收集　　(b) 证据分布

图 2.5　信息传递

本章所述的信息传递算法被称为 Hugin 算法，名称源于式（2.5）和式（2.6）所定义的信息传递方式。

2.2　离散贝叶斯网专家系统架构

和传统的基于规则的专家系统不同，基于贝叶斯网的专家系统首先在知识库上不再是以一条条的“IF-THEN”形式的规则存储的二维表结构，而是以贝叶斯网的图模型形式存储的对象结构；其次，由于贝叶斯网的知识表达和不确定性推理密切地耦合在一起，传统推理机基于与知识库无关的“匹配-规则激活-搜索”三步循环求解模式架构，也不再适合基于贝叶斯网的不确定性推理模型。

2.2.1 贝叶斯网基本类库

由于以上原因及目前面向对象编程（OOP）技术的日益成熟，本章采用“类”（CLASS）为基本的数据结构描述贝叶斯网，这样本章离散贝叶斯网专家系统实质是一个双层的系统架构：第一层是“元知识层”，在这个层面，贝叶斯的构造用面向对象的知识表达描述出来，“元知识层”包含的是离散贝叶斯构造和推理的知识，它是不可改变的；第二层是“应用层”，在这个层面，专家的知识以一个个具体的贝叶斯网“实例”的形式表达出来，它是可改变的。基于元知识的双层架构的专家系统使得它具有一定的通用性，能在一定范围内拓展其应用领域。

面向对象的知识表达将系统中一切事物视为“对象”，而对象的抽象化就是“类”，或者说“对象”是“类”的实例化；类是具有继承性的，对应于实际中对象的层次关系；对象之间的交互只通过“消息响应”的方式完成。在面向对象的编程语言中，类是具有一定“属性”（成员变量）和“方法”（成员函数）的封装数据结构：其中“属性”（成员变量）是指描述该类所需要的数据，另一个类的实例也可以作为属性值，即继承性；而“方法”（成员函数），则是用于消息响应以表现出在和气体对象交互过程中的性质。

本章中，贝叶斯网是待描述的类；用户对贝叶斯网的各种操作，如节点及有向边的添加及删除、合树的编译等以成员函数的形式封装起来；对于贝叶斯网的拓扑结构，即节点、有向边也用类的形式描述，并作为贝叶斯网类的成员变量；此外，由于本章对于贝叶斯网的不确定性推理采用的是合树算法，因此，对合树结构的描述也采用类的形式，并以贝叶斯网类为成员变量，对合树的操作，包括初始化证据、不确定性传播、

边缘化概率等作为该类的成员函数。专家系统中涉及贝叶斯网及推理过程的各种类的层结构关系如图 2.6 所示。以下简要叙述贝叶斯网专家系统中各类的设定。

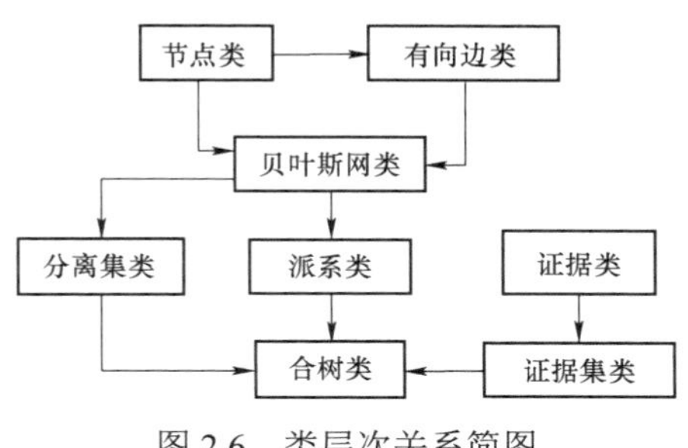

图 2.6　类层次关系简图

1. 节点类用于描述贝叶斯网内节点构造。一个节点类包含三个主要属性或成员变量：节点自身所代表的随机变量、其双亲节点所代表的随机变量、节点随机变量在给定双亲结点条件下的概率分布（对于离散随机变量而言概率分布采用表的形式表达），其他的属性还包括节点窗口位置、大小形状等数据；对节点操作主要包括节点的绘制、条件概率表的输入以及存储序列化等，这些操作以类成员函数的形式表述；对于双亲节点的操作，比如双亲节点添加、删除，修改双亲节点各分布状态等，将直接影响到该节点几乎所有的属性值，因此需要定义相应的成员函数用于响应双亲节点改变时所带来的成员变量的变化，包括双亲节点随机变量的重新定义、条件概率分布的重新分配两个方面。

2. 有向边类用于描述贝叶斯网节点之间的连接。有向边类只包含两个主要的成员变量：即单个双亲节点对象以及子节点对象；成员函数响应用户的操作，包括有向边在窗口的绘制及删除，以及更主要的向子节点对象发送双亲节点的“添加”或者“删除”消息。

3. 贝叶斯网类是一个“超类”，它的成员变量包括所有节点对象和所有有向边对象。由于贝叶斯网本身不涉及概率运算，因此该类设置的目的是便于计算机的存储及读写，因此它的成员函数是实现所有节点对象及有向边对象的序列化，事实上该类为微软基本类库（MFC）中“文档”类 Cdocument 的派生类。

4. 派系类用于描述合树的派系节点，它包括局部势函数（离散情况下为信念表）、原始贝叶斯网中的节点对象、所包含节点的最小 MCS 编号等成员变量；派系类的成员函数主要包括原始贝叶斯网中节点随机变量的边缘概率计算函数以及证据合并时信念表的更新计算；分离集类用于描述分离集派系节点，其定义与派系类类似，所不同的是它具有两个相互连接的派系类对象作为其成员变量，成员函数中不包括向原始节点随机变量的边缘概率计算函数。

5. 证据类用于描述某给定证据的，只包含两个成员变量，即贝叶斯网中的节点对象（离散随机变量）以及其对应的状态（取值）。证据集类用于描述所有证据对象，其成员变量包括所有的证据对象，它的成员函数包括证据对象的添加、删除操作。

6. 合树类用于描述合树对象，它的成员变量包括分离集类对象、合树类对象；其成员函数有两个，对应于合树算法 2.3 中的“证据收集”与“证据分布”，用于更新各节点派系对象的势函数（信念表）。

以上各类除贝叶斯网类是用来进行数字化存储外，其他均以微软基本类库 MFC 中的 Cobject 类为基类派生而来，这些基本类构成了贝叶斯网专家系统“推理机”及“黑板（临时数据库）”的核心部分。整个专家系统，除了以上两个部分的大类别外，尚需考虑人机交互的问题：包括知识的输入、已知证据的输入、合树的形成及推理命令的下达、结果的输出等，即所谓用户界面（User Interface），它的架构是由一系列基于 MFC 的用户界面类构造的，这里不再赘述。

2.2.2　模块化系统集成

在本章的专家系统实现中，采用了基于模块化设计的思想，把整个专家系统依据功能划分为用户界面模块、贝叶斯网编辑模块以及推理模块。用户界面模块接受用户的输入，这些输入包括对贝叶斯网的编辑（即知识的输入）、证据节点状态的输入（证据输入）以及最终结果的输出；推理模块负责贝叶斯网转化到合树的编译、接受证据输入后不确定性推理及节点上的边缘概率计算；贝叶斯网编辑模块则实现从用户界面动作到贝叶斯网实现的转变。各模块关系如图 2.7 所示。

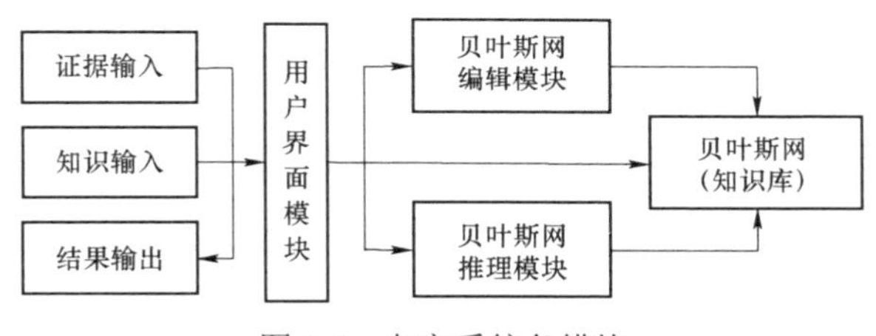

图 2.7　专家系统各模块

用户界面模块是负责专家系统内部程序与外部用户交互的通讯接口，它实质上是两个视图窗口类（MFC 中的 Cview 类），即贝叶斯网编辑窗口类和证据输入窗口类。用户在这些窗口类的任何操作都被看作一个“消息（Message）”，这些消息被窗口类以消息响应函数的形式按其内容分别“泵送（Pump）”到贝叶斯网编辑模块或推理模块。贝叶斯网编辑窗口类处理的“消息”主要包括其窗口内的贝叶斯网编辑按钮以及窗口内的鼠标操作等；证据输入窗口处理的消息主要是鼠标操作，该窗口只有在贝叶斯网编译（即按算法 2.1 到算法 2.2 构造形成合树）以后才被激活，并根据用户的输入生成证据集类对象。

贝叶斯网编辑模块主要处理由贝叶斯网编辑窗口类传送过来的“消

息”，它实质是一个线程类（Cwinthread，MFC），根据用户按下的贝叶斯编辑按钮的不同实现不同的功能，创建不同的绘图线程对象，包括新建节点、新建有向边、删除节点，由此，贝叶斯网的编辑是一个“所见即所得”的可视化过程。贝叶斯网编辑完成后，通过单击窗口框架上的“编译”按钮构造合树，此时便可向贝叶斯网输入证据。用户输入完成后，证据输入窗口形成证据集并调用贝叶斯网推理模块完成推理，最后的结果可以直接显示在贝叶斯网编辑窗口或者写入一个文本章件加以记录（即序列化）。程序运行时如图 2.8 所示。

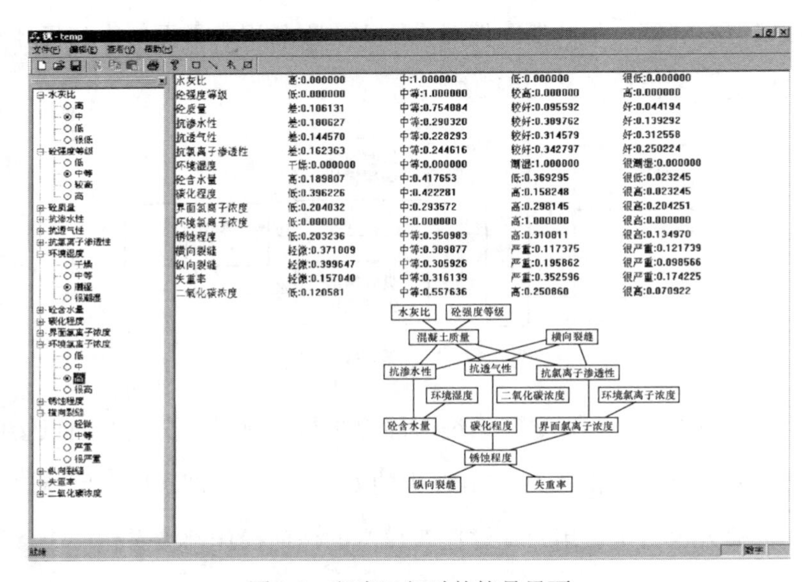

图 2.8　程序运行时的简易界面

2.3　应用实例一：混凝土结构的钢筋锈蚀诊断

前文所述用于混凝土结构的钢筋锈蚀诊断的贝叶斯网，在输入各节点

条件概率或先验概率后，未得到任何观测证据以前，通过“编译”将该贝叶斯网转化为合树，通过信息传递得到各派系节点边缘分布，再经过边缘化得到各个节点的先验概率，如表 2.2 所示。

表 2.2　先验概率

变量	变量取值及其概率			
	1 级	2 级	3 级	4 级
水灰比	0.100 731	0.402 891	0.398 981	0.097 398
强度等级	0.100 707	0.401 878	0.399 139	0.098 276
开裂程度	0.393 850	0.408 384	0.099 414	0.098 352
混凝土质量	0.114 926	0.397 905	0.385 590	0.101 579
抗透气性	0.093 958	0.165 912	0.299 980	0.440 149
抗渗水性	0.125 006	0.230 495	0.466 459	0.178 040
抗氯渗透性	0.110 711	0.196 675	0.364 085	0.328 529
环境氯浓度	0.409 937	0.394 193	0.098 104	0.097 766
环境湿度	0.033 490	0.384 710	0.461 988	0.119 812
二氧化碳浓度	0.163 941	0.419 960	0.338 894	0.077 205
混凝土含水量	0.105 685	0.295 034	0.544 338	0.054 943
碳化程度	0.567 719	0.286 804	0.090 534	0.054 943
界面氯浓度	0.540 292	0.313 448	0.102 700	0.043 560
锈蚀程度	0.385 042	0.405 777	0.169 863	0.039 317
纵向裂缝	0.584 743	0.273 454	0.104 554	0.037 249
钢筋失重率	0.271 267	0.379 177	0.274 183	0.075 373

当获取部分节点证据后，合树的各个派系节点合并该证据集，即根据证据集的取值对派系节点的概率分布函数数据表进行切片；通过合树的信息传递过程，使得各派系在分离集上的概率分布保持一致，此时，由于合树的性质，联合概率在整个合树范围内将保持一致，概率推理完成。最后，对派系节点的联合概率分布函数数据表边缘化得到各节点的后验边缘分布。

由给定证据下合树信息过程可知，贝叶斯网的概率推理是双向的，任意一个节点都可以做输入的证据节点，也可以做输出的查询节点，这样按照查询节点和相应的证据节点的不同，贝叶斯网既可以做损伤程度估计，也可以做原因分析。当对锈蚀程度做估计时，通常证据节点是环境及材料因素，而查询节点通常是锈蚀的程度及锈蚀造成的损害。例如通过现场调查，获取部分证据，假设证据节点① 环境湿度：3 级；② 水灰比：2 级；③ 环境氯浓度：3 级；④ 强度等级：2 级，查询节点为腐蚀程度和纵向裂缝，网络部分输出如表 2.3 所示。

表 2.3　部分后验概率

变量	变量取值及其概率			
	1 级	2 级	3 级	4 级
腐蚀程度	0.203 236	0.350 983	0.310 811	0.134 970
纵向裂缝	0.399 647	0.305 926	0.195 862	0.098 566

从以上先验概率和取得部分证据后推理得出的后验概率对比可以看出，随着不利于钢筋抗锈蚀的信息量（证据）的增加，出现高程度腐蚀的概率也在增加，这与专家的主观估计是相一致的。当该网络用于原因分析时，与评估时的情况相反，查询节点一般为环境或材料因素，而证据节点为损伤程度，根据已获取的锈蚀程度损伤信息，分析在特定环境条件下造成损伤的材料因素。假设现有损伤信息① 纵向裂缝：3 级；② 失重率：3 级，以及环境条件信息③ 环境氯浓度：2 级；④ 环境湿度：2 级；⑤ 二氧化碳浓度：2 级，查询节点为水灰比、混凝土强度及横向裂缝，网络输出如表 2.4 所示，从先后验概率对比可以看出，在锈蚀程度较高而所处环境并不恶劣的情况下，混凝土材料的质量水平呈现下降趋势。

表 2.4　部分后验概率

变量	变量取值及其概率			
	1 级	2 级	3 级	4 级
水灰比	0.122 172	0.429 807	0.368 676	0.079 345
混凝土强度等级	0.116 051	0.420 041	0.379 135	0.084 773
开裂程度	0.228 935	0.400 080	0.161 703	0.209 282

2.4　应用实例二：钢筋混凝土结构抗震性能评估

图 2.9 是钢筋混凝土结构抗震性能评估的贝叶斯网，由三个子网构成，分别对应梁抗震性能评估、柱抗震性能评估以及综合评估，其中综合评估网所涉及的部分先验概率来源于其他两个子网的评估结果。采用子网进行评估，其一是有利于知识表达的系统化，它使得不同领域专家的分工合作

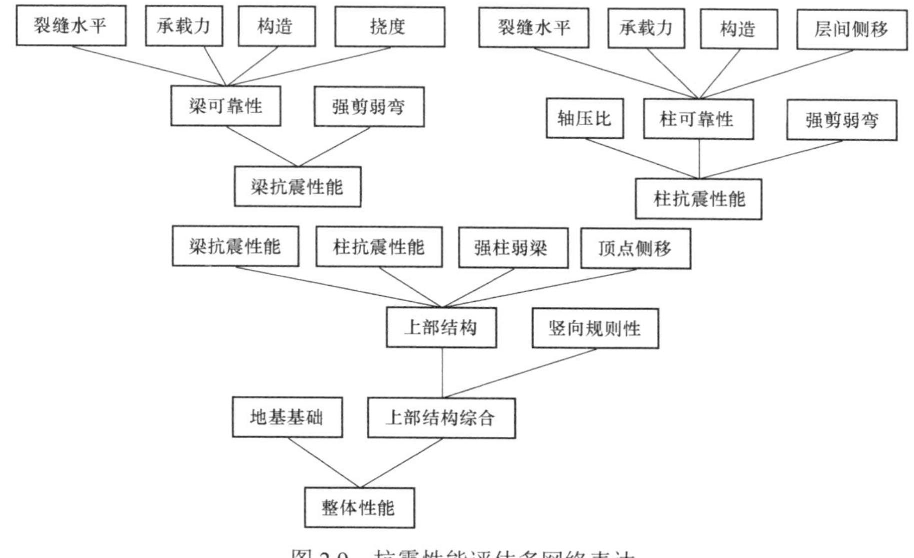

图 2.9　抗震性能评估多网络表达

成为可能，例如，本算例中“裂缝水平”节点的先验概率可以是例一的分析结果；此外这种方式也有利于计算的进行，因为一个综合的大型贝叶斯网所耗费的计算资源将大于其同构的多个子网所耗费的计算资源。本算例中所采用的评估体系主要参考《民用建筑可靠性鉴定规范》以及相应的抗震设计规范。表 2.5 列举了所涉及的变量及其取值。

表 2.5　变量名及取值

变量	变量取值及相关意义				
	A 级	B 级	C 级	D 级	备注
裂缝水平	综合指标				可由前例 1.1 得出
承载力（$R/\gamma_0 S$）	≥1	＜1，≥0.95	＜0.95，≥0.90	＜0.90	
构造	连接方式正确，符合现行规范无缺陷，或仅有表面缺陷，工作无异常		连接方式不当，构造有严重缺陷，外部可见明显变形、滑移、剪坏或裂缝		
层间侧移	≤$H_i/450$		＞$H_i/450$		
挠度	＜$l_0/250$		≥$l_0/250$		
强剪弱弯（柱）	≥1.4	＜1.4，≥1.2	＜1.2，≥1.1	＜1.1	剪切系数
轴压比	≤0.7	＞0.7，≤0.8	＞0.8，≤0.9	＞0.9	
强剪弱弯（梁）	≥1.3	＜1.3，≥1.2	＜1.2，≥1.1	＜1.1	剪切系数
强柱弱梁	≥1.4	＜1.4，≥1.2	＜1.2，≥1.1	＜1.1	柱弯矩增大系数
顶点侧移	≤$H/550$		＞$H/550$		
刚度均匀性	≥0.85	＜0.85，≥0.75	＜0.75，≥0.65	＜0.65	相邻层刚度比

注：其他在表中未涉及的贝叶斯节点变量均为综合指标

表 2.6 列举了贝叶斯网各节点的先验概率情况。值得注意的是，当采用均匀分布作为所有父节点的先验分布以表达概率未知的最大不确定性时，网络的先验评估结果并非呈均匀分布，而是偏向较差等级的悲观估计。产生此结果的原因，其一在于条件概率设置是一种以双亲节点最差评价优先的规则，其二在于以均匀分布表达父节点的概率未知性时可能导致的子节点非均匀分布。

表 2.6　先验概率

变量	变量取值及其概率			
	A 级	B 级	C 级	D 级
裂缝水平（柱）	0.25	0.25	0.25	0.25
承载力（柱）	0.25	0.25	0.25	0.25
构造（柱）	0.25	0.25	0.25	0.25
层间侧移	0.25	0.25	0.25	0.25
柱可靠性	0.009 379	0.097 694	0.382 962	0.509 965
轴压比	0.25	0.25	0.25	0.25
强剪弱弯（柱）	0.25	0.25	0.25	0.25
柱抗震性	0.002 638	0.062 184	0.373 030	0.562 148
裂缝水平（梁）	0.25	0.25	0.25	0.25
承载力（梁）	0.25	0.25	0.25	0.25
构造（梁）	0.25	0.25	0.25	0.25
挠度	0.25	0.25	0.25	0.25
梁可靠性	0.009 379	0.097 694	0.382 962	0.509 965
强剪弱弯（梁）	0.25	0.25	0.25	0.25
梁抗震性	0.006 360	0.094 627	0.404 025	0.494 988
强柱弱梁	0.25	0.25	0.25	0.25
顶点侧移	0.25	0.25	0.25	0.25
刚度均匀性	0.25	0.25	0.25	0.25
上部结构	0.000 091	0.015 871	0.275 198	0.708 840
上部结构综合	0.000 621	0.038 922	0.349 837	0.610 620
地基基础	0.25	0.25	0.25	0.25
整体性能	0.001 638	0.058 996	0.384 898	0.554 468

通过现场检验，获得部分观测证据① 强柱弱梁：A 级；② 顶点侧移：A 级；③ 刚度均匀性：A 级，在其他条件未知的情况下，部分后验概率如表 2.7 所示。从该表数据可以看出，结构部分性能优良的证据使得后验概率中对整体性评价有所提高；然而，由于对结构其他性能的未知，评估结果仍偏向悲观。

表 2.7　部分后验概率

变量	变量取值及其概率			
	A 级	B 级	C 级	D 级
上部结构	0.000 702	0.052 116	0.431 662	0.515 519
上部结构综合	0.008 519	0.173 798	0.534 147	0.283 536
整体性能	0.008 967	0.149 440	0.476 761	0.364 832

2.5　小　结

基于贝叶斯网的知识表达及推理方式近年来逐渐成为构造专家系统的一种有效途径。本章系统的归纳离散贝叶斯网数学模型相关研究成果，构造了土木工程领域专家系统的原型机，并采用模块化设计方法予以实现。原型机系统采用两个层次的知识表达：第一个层次是元知识层，在该层次描述有关离散贝叶斯网的构造及推理模式；第二个层次是应用层，该层次以贝叶斯网描述具体的领域知识，它类似传统专家系统的“数据库”，具体的工程结构相关知识在这个层次上通过人机交互，建立相对应的贝叶斯网，实现人类专家知识到计算机专家系统知识的转换。两个知识层次的构造使得该专家系统具有通用性。在本章的专家系统实现中，采用了模块化设计思路，把整个专家系统依据功能划分为用户界面模块、贝叶斯网编辑模块以及推理模块。用户界面模块接受用户的输入动作，包括对贝叶斯网的编辑、证据节点状态的输入以及最终结果的输出；推理模块负责贝叶斯网转化到合树的编译、接受证据输入后不确定性推理及节点上的边缘概率计算；贝叶斯网编辑模块则实现从用户界面动作到贝叶斯网实现的转变。

本章混凝土结构的钢筋锈蚀诊断为例，说明了贝叶斯网推理所涉及的一般概念及其推理过程；结合钢筋混凝土框架结构抗震性能评估，演示了

该系统在信息不完备这类土木工程中常见的不确定性环境下的应用，从部分运算结果可以看出概率推理的双向性，以及在信息不完备条件下默认推理计算结果的某些特性。

本章中的贝叶斯网专家系统是一个概念性的原型机，仅考虑了离散型节点及相应的合树推理算法，进一步的改进包括增加对连续型节点的支持及相应的连续型贝叶斯网推理算法，以使得贝叶斯网专家系统更具实用性。此外，具有“学习”功能的专家系统是目前人工智能领域的发展方向，也是结构工程实用性的要求，依据已有的实际工程结构数据资料自动构造贝叶斯网以及相应的概率分布，从理论上是可行的，对贝叶斯网专家系统的进一步开发应围绕以上两点展开。

第3章　连续贝叶斯网的延性需求分析

3.1　基于贝叶斯网的抗震性能评估

美国太平洋地震工程研究中心（PEER）的科研人员提出了基于概率论框架的抗震性能评估体系：这个体系采用一个决策随机变量 DV 作为判断或评价结构是否满足目标性能的基础，例如，年平均地震损失或某极限状态（如倒塌）的超越次数，这样工程评估分析的目标即可量化为随机变量 DV 的某个给定值的超越概率，如年平均地震损失超越概率或年平均倒塌概率。决策变量的年平均超越概率（Mean Annual Frequency）记做 $\lambda(\mathrm{DV})$，可以按两个中间变量,即结构破坏指标 DM 和地震强度指标 IM 扩展为如下形式：

$$\lambda(\mathrm{DV}) = \iint G(\mathrm{DV} \mid \mathrm{DM}) \mathrm{d}G(\mathrm{DM} \mid \mathrm{IM}) \mathrm{d}\lambda(\mathrm{IM}) \tag{3.1}$$

式中 $G(\mathrm{DV} \mid \mathrm{DM})$ 为给定结构破坏指标的条件下决策变量超越某个值的概率，$G(\mathrm{DM} \mid \mathrm{IM})$ 为给定地震强度指标的条件下结构破坏指标超越某个值的概率，而 $\mathrm{d}G(\mathrm{DM} \mid \mathrm{IM})$ 则为超越概率累积函数的微分，$\lambda(\mathrm{IM})$ 地震强度指标的年平均超越概率，$\mathrm{d}\lambda(\mathrm{IM})$ 为地震强度指标的年平均超越概率密度。通过

审慎地选择中间变量 DM 与 IM，使决策变量 DV 在给定结构破坏指标 DM 的条件下独立于地震强度指标 IM 可以简化问题的复杂性。式（3.1）将整个抗震性能评估问题分解为三部分内容，即① 概率地震危险性分析：$\lambda(\mathrm{IM})$ 实质上是地震危险性曲线，它可通过传统的概率地震危险性分析（PSHA）获得；② 概率地震需求分析：对 $G(\mathrm{DM}\mid\mathrm{IM})$ 的估计实质上就是进行线性、非线性动力分析或在给定地震强度水平下地震需求分析的目标；③ 概率能力分析或损失估计。

上述评估框架可以描述为如图 3.1 所示的连续型贝叶斯网，根据贝叶斯网的概率表达计算决策变量 DV 的超越概率：

$$
\begin{aligned}
\lambda(\mathrm{DV}) = P(\mathrm{DV} > \mathrm{d}v) &= \int_{\mathrm{DV}>\mathrm{dv}} f(\mathrm{DV})\mathrm{dDV} \\
&= \int_{\mathrm{DV}>\mathrm{dv}} \iint_{\mathrm{IM}\times\mathrm{DM}} f(\mathrm{IM}) f(\mathrm{DM}\mid\mathrm{IM}) f(\mathrm{DV}\mid\mathrm{DM}) \mathrm{dIMdDMdDV} \\
&= \iint_{\mathrm{IM}\times\mathrm{DM}} G(\mathrm{DV}\mid\mathrm{DM})\mathrm{d}[F(\mathrm{IM})]\mathrm{d}[F(\mathrm{DM}\mid\mathrm{IM})] \\
&= \iint_{\mathrm{IM}\times\mathrm{DM}} G(\mathrm{DV}\mid\mathrm{DM})\mathrm{d}G(\mathrm{DM}\mid\mathrm{IM})\mathrm{d}\lambda(\mathrm{IM})
\end{aligned}
\tag{3.2}
$$

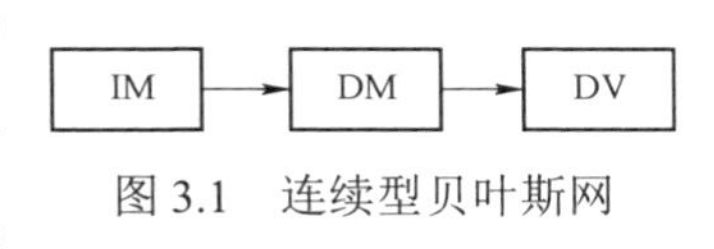

图 3.1　连续型贝叶斯网

由式（3.2）可知贝叶斯网图 3.1 与式（3.1）实际上是等价的，这样评估问题实质上转化为以下两个问题：① 各节点条件概率（或先验概率）的获取，包括地震强度的先验概率密度函数 $f(\mathrm{IM})$、给定地震强度水平下结构破坏指标的条件概率密度函数 $f(\mathrm{DM}\mid\mathrm{IM})$ 以及给定结构破坏指标条件下决策变量的条件概率密度函数 $f(\mathrm{DV}\mid\mathrm{DM})$；② 节点 DV 的边缘分布及超越概率的计算。

PEER 提出的性能评估指导性原则，可以看作一个简化的以概率描述的三层次因果关系网，即贝叶斯网，其中概率地震需求分析 $G(\mathrm{DM}\mid\mathrm{IM})$ 是结构抗震性能评估的基础。事实上，根据图 3.1 所示的贝叶斯网，仅考虑前两节点两个层次的情况，通过确定地震强度指标的先验概率密度函

数 $f(\text{IM})$ 以及相应的条件概率密度函数 $f(\text{DM}|\text{IM})$，可以获得结构损伤量化值 DM 的边缘分布概率 $P(\text{DM})$。将结构顶点的最大延性位移需求 μ 作为结构损伤测度 DM，概率地震需求分析具体化为概率延性需求分析，则可获得结构延性需求的边缘分布概率 $P(\mu)$，其中 $f(\text{DM}|\text{IM})$ 具体定义为给定地震强度 IM 条件下最大延性位移需求 μ 的概率分布 $f(\mu|\text{IM})$。依据地震延性需求概率分布及结构延性能力，即可进行结构的抗震性能评估或地震损失估计。鉴于概率地震需求分析在抗震性能评估中的基础性地位，本章后续内容主要着眼于结构延性需求概率分析。

目前基于性能抗震设计与评估的研究热点之一，就是通过对大量地震记录的单自由度体系非线性反应进行回归分析从而建立简化的延性需求反应谱，这些简化的延性需求谱公式往往含有概率化参数以反映地震的随机性，值得注意的是，这些概率延性需求反应谱往往只与若干组固定的场地类别和设计分组相关，地震强度指标 IM 并未单独提出来作为条件独立性分布参数，因此在具有实际地震观测记录的条件下，无法根据地震强度的观测信息“更新”相应的概率延性需求分布。将地震强度指标 IM 单独提取出来作为描述结构延性需求概率分布的条件独立性参数，是根据地震强度观测信息更新延性需求概率分布的前提；而合理的选择强度指标参量 IM 是减少条件概率 $f(\mu|\text{IM})$ 离散性的基础。本章通过对收集到的 1918 条地震波的分析，构造了一个新的描述地震频谱特性对延性需求影响的强度参量，结合地面峰值加速度作为强度指标 IM，通过回归分析建立了延性需求条件概率 $f(\mu|\text{IM})$。

贝叶斯网或者贝叶斯推断的一个重要特性是在给定观察值的条件下，可以得到特定随机量的后验分布。在本章中，通过收集到的某地区地震波强度参量作为观察值，用于更新地震延性需求的后验分布，实现地震延性需求计算的信息融合。

3.2　结构延性需求影响因素分析

结构延性需求受到结构本身特性和地震作用两方面的影响。结构特性包括结构物自振周期、屈服强度等；地震作用则是地震波本身特性，包括频谱、持时和幅值。在结构抗震延性需求的计算中，地震作用具有较大的不确定性，而结构特性的不确定性相对较小，因此在本章后续分析中忽略结构的不确定性。

地震强度指标 IM 的选择是进行概率地震延性需求分析的前提。目前主要采用主周期谱加速度 $S_a(T_1)$ 作为强度指标 IM，对原始地震记录进行归一化处理，根据不同的结构屈服强度折减系数 R 进行非线性分析即可得到延性需求条件概率 $f(\mu_{\mathrm{MAX}}\,|\,\mathrm{IM})$；此外亦可采用地面峰值加速度 PGA 作为地震强度指标，根据不同的屈服水平系数 η 建立延性需求条件概率。主周期谱加速度 $S_a(T_1)$ 牵涉结构本身特性，而地面峰值加速度似乎更为单纯地反映了地震强度特性，因此本章采用后者建立延性需求条件概率。

目前，工程界对地震强度指标 IM 的定义，从简单的数值型表达如 $S_a(T_1)$、PGA 等，拓展到向量型表达。考虑到地震强度多因素作用的复杂性，这种拓展有其必然性。本章以地震强度指标 PGA 作为出发点，建立 $\eta-T-\mu$ 的概率关系；通过回归分析构造了一个新的参数 F_{PGA}，该参数从地震频谱特性描述了地震强度。本章所搜集的地震记录均来自美国太平洋地震工程研究中心 PEER 的强震记录（http://peer.berkeley.edu/nga/search.html）。

3.2.1 $\eta-T-\mu$ 概率关系

地震作用下单自由度体系的有阻尼非线性运动方程为

$$m\ddot{x}+c\dot{x}+f(x)=-m\ddot{x}_{g}(t) \tag{3.3}$$

式中 m 、c 、$f(x)$ 与 $\ddot{x}_g$ 分别为结构的质量、阻尼、恢复力模型以及地面运动加速度，x 、$\dot{x}$ 、$\ddot{x}$ 为结构的位移、速度和加速度响应。

令 $u=\dfrac{x}{x_y}$，$\eta=\dfrac{F_y}{m\bullet\max|\ddot{x}_g(t)|}$，$\tau(t)=\dfrac{\ddot{x}_g(t)}{\max|\ddot{x}_g(t)|}$，其中 F_y 为结构的屈服强度，$\max|\ddot{x}_g(t)|$ 就是地面峰值加速度PGA，则式（3.3）又可以表示为：

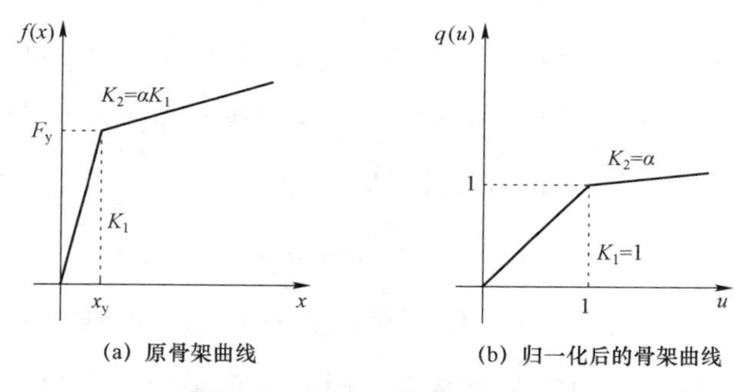

图 3.2　骨架曲线的归一化

$$\ddot{u}+\frac{4\pi}{T}\xi\dot{\mu}+\left(\frac{2\pi}{T}\right)^{2}q(u)=-\frac{4\pi^{2}}{T^{2}\eta}\tau(t) \tag{3.4}$$

其中 $q(u)$ 为屈服强度归一化后的双线性恢复力模型，$\tau(t)$ 为归一化的地面运动加速度时程曲线。结构延性需求系数定义为最大位移反应与屈服位移之比，即

$$\mu=\max|u|=\frac{|x_{\max}|}{x_{y}} \tag{3.5}$$

利用方程3.4进行非线性时程分析，即可以建立不同地震波下 $\eta-T-\mu$ 的三维延性需求谱曲面。本章中，阻尼比 ξ 取0.05，恢复力模型取屈服后

刚度系数为 0.05 的双折线模型，对周期T为 0.1～5 s，屈服水平系数η为 0.1～1.2 的单自由度体系进行非线性时程分析。根据对 1918 条地震记录的非线性时程分析得到的η、T、μ数据，采用多元非线性拟合得简化$\eta - T - \mu$关系，如下式所示

$$\mu = \mu_0 \left(\frac{0.1}{T} \right)^{r1} \left(\frac{0.1}{\eta} \right)^{r2} \tag{3.6}$$

式中μ_0是回归分析的拟合值，是式（3.6）所定义曲线的顶点，它可视作周期为 0.1 s、屈服水平系数 0.1 时的单自由度体系的近似位移延性需求，由于周期及屈服水平系数均为定值，因此该值反映了地震波的频谱特性；$r1$、$r2$分别为结构周期及屈服水平系数的下降系数。本章试图用最少量的参数、最简的表达式描述$\eta - T - \mu$关系，而式（3.6）反映了结构延性需求随周期及屈服水平系数的增大而呈指数下降的曲线关系。值得注意的是：当结构在地震作用下始终处于弹性工作状态时，即$\mu < 1$时，η增大一倍，则μ减小一半，即μ与η之间为反比关系，而式（3.5）未能反映该关系，以此公式预测地震作用较小时的延性需求可能会导致较大误差，因此本公式适用性仅限于地震作用较大（罕遇地震）而使得延性需求$\mu > 1$的情况；另一方面，数据拟合结果表明，式（3.5）的决策系数（COD）均在 0.9 以上，具有较高的拟合度，因此可认为其较好地反映了$\eta - T - \mu$关系。图 3.3 所示为某地震波下$\eta - T - \mu$关系的拟合曲面（线）。

本章所采用的三个参数具有较明显的物理意义，如果存在较大的相关性则意味着相互间并不独立，在建立概率关系时不能以独立随机变量的形式出现。从图 3.4 可看出，三者间并无较大的相关性，因此可以按独立随机变量考虑。从本章统计结果看，同组的$r1$（$r2$）可认为来自某一相同的样本空间，即服从独立同分布假设，具体的分布参数如表 3.1 所示。由于参数$r1$、$r2$服从各自分布参数已知的固定分布，意

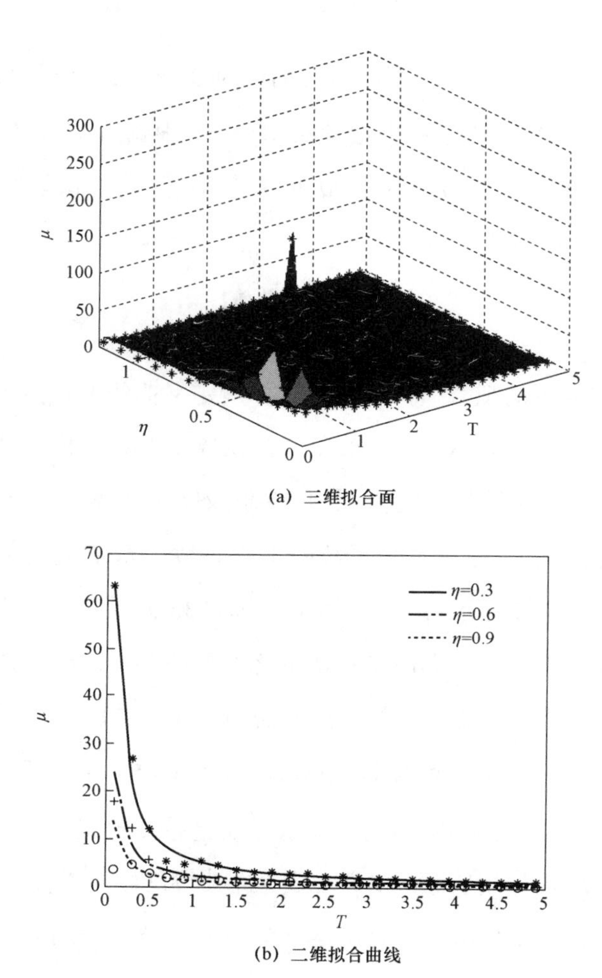

(a) 三维拟合面

(b) 二维拟合曲线

图 3.3 $\eta-T-\mu$ 拟合

味着式（3.6）对应曲线族的指数变化关系的概率分布固定不变的，即式（3.6）所蕴含的$\eta-T-\mu$曲线的指数变化关系不随地震波频谱特性的变化而变化；不同地震波频谱特性的影响集中通过式（3.6）中的参数 μ_0，即$\eta-T-\mu$曲线顶点位置的取值加以考虑。综上所述，式（3.6）中参数$r1$、$r2$仅反映$\eta-T-\mu$曲线中指数下降关系的上下波动，而参数 μ_0 则反映不同地震波的频谱特性。从图 3.5 纵坐标取值范围可以看出，μ_0 的取值范围波动很大，这正反映了具有相同幅值（PGA）不同频谱特性下对延性需求的巨大差异性。

本章引进新的地震强度指标 F_{PGA} 表征不同的地震频谱特性，借此新地震强度指标来定义 μ_0 取值的概率分布。

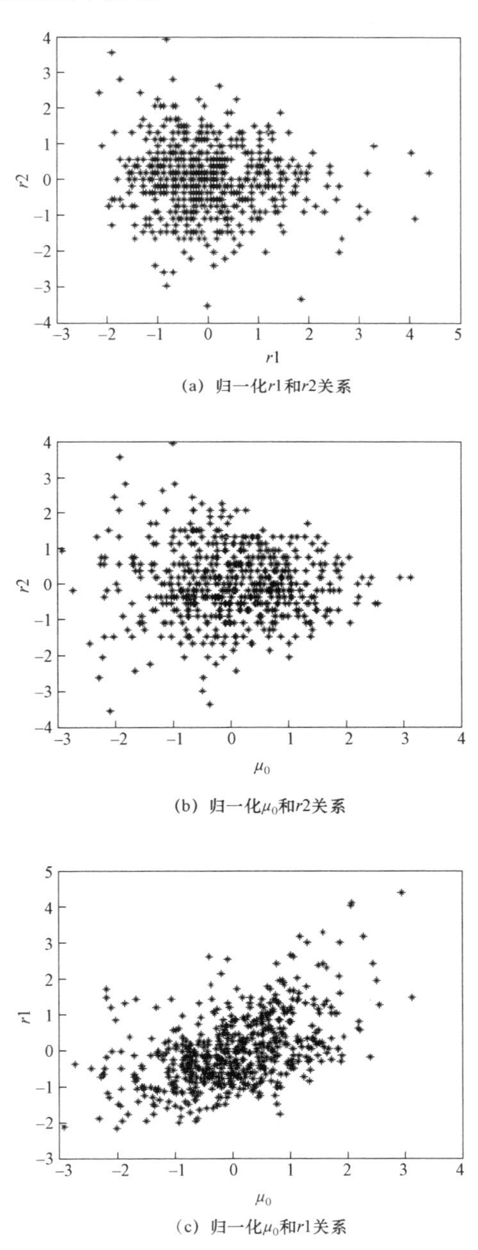

图 3.4　归一化参数关系

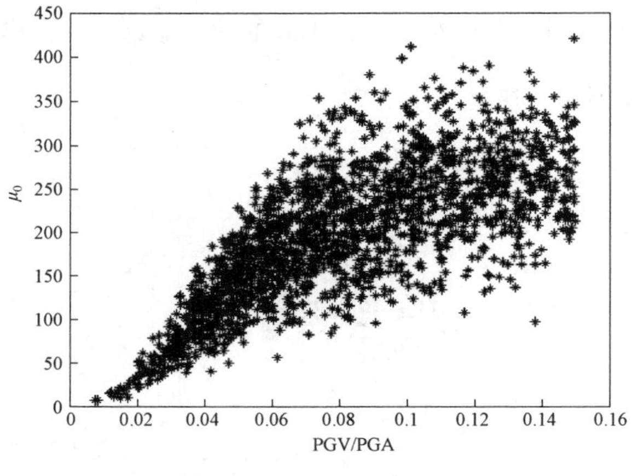

图 3.5　PGV/PGA 与 μ_0

3.2.2　地震强度指标 F_{PGA}

地震波本身包括频谱、持时和幅值三方面特性，地震强度指标 IM 的选择与之密切相关。在本章中，地震幅值特性以地面峰值加速度 PGA 表征，通过屈服水平系数 η 参与计算；频谱特性则与式（3.6）中 μ_0 密切相关。由于地震持时对延性需求的影响目前研究较少，本章不予考虑。

在已有的延性需求谱回归分析研究中，常依据地震动特征周期取值范围的不同对已有的地震记录进行分组。在我国现行抗震规范中关于场地分类和地震作用计算的基础——《中国地震动参数区划图》中，对地震动特征周期的定义为 $T_g = 2\pi\left(\dfrac{\text{EPV}}{\text{EPA}}\right)$，其中 EPV 和 EPA 是给定地震波下的有效峰值速度与有效峰值加速度。实际上，地震动特征周期 T_g 是一个反映地震频谱特性的量，地震纪录的分组本质上就是根据地震频谱特性对地震记录进行分类。因此在延性需求谱回归分析过程中，特征周期 T_g 可视作隐含的强度指标 IM，它反映的是地震的频谱特性，以分类的方式参与计算从而提高随机地震作用下拟合谱的精度，减小离散性。

在本章的拟合式（3.6）中，地震的频谱特性在参数 μ_0 上得到了极端的体现：由图 3.5 所包含数据纵坐标的幅值区间可知，参数 μ_0 的取值波动范围很大，客观反映了不同地震波频谱特性的巨大差异。μ_0 具有一定的物理意义，它代表了 $T_0=0.1$、$\eta_0=0.1$ 这样极端条件下的结构延性需求 μ 的取值；不同于 PGA 等强度指标只与地震波本身有关，参数 μ_0 还与特定结构参数（T_0、η_0）相关，因此本章构造一个只与地震波本身相关的频谱特性参数来建立与 μ_0 的联系。通过这个构造的频谱特性参数，概率延性需求分析将与地震频谱特性相关，这种考虑了地震频谱特性的概率延性分析，比单一以 PGA 作为强度指标的概率延性分析更具针对性，有助于进一步降低概率延性需求的离散性。参考地震特征周期 T_g 在延性需求谱回归分析中的分类作用及思路，结合所搜集到的地震波，本章从以下两个方面考虑与参数 μ_0 具有直接关系的频谱特性参数。

其一是考虑速度脉冲特性。研究表明，高能量速度脉冲会使结构位移明显增大。速度脉冲特性作为一个地震频谱特性，以 PGV/PGA 表征，如图 3.5 所示，参数 μ_0 与 PGV/PGA 相关，且随着 PGV/PGA 的增大，离散性也逐渐增大。因此本章将 1918 条地震记录分为三组：小于 0.05（411 条），0.05～0.10（942 条），0.1～0.15（565 条）。1918 条记录不包含 PGV/PGA 超过 0.15 部分以减少离散性。其二是构造一个能较为直接反映参数 μ_0 的地震频谱特征量，这是通过对归一化的地震加速度时程 $\tau(t)$ 采用 2.9 Hz 的截止频率进行低通滤波后得到的峰值加速度 $F_{\text{PGA}}=\text{filter}(\tau(t),\omega<2.9\ \text{Hz})$。以图 3.6（a）～图 3.6（c）表明，二者具有非常密切的联系，注意图中参数 μ_0 取值较大是由于此时 η_0、T_0 设定的极端性。回归关系如下公式所示

$$\mu_0=(1+\delta)(aF_{\text{PGA}}+b) \tag{3.7}$$

式中 δ 是变异系数，为随机变量；a，b 为线性回归系数，为确定值，各系数的分组取值见表 3.1。

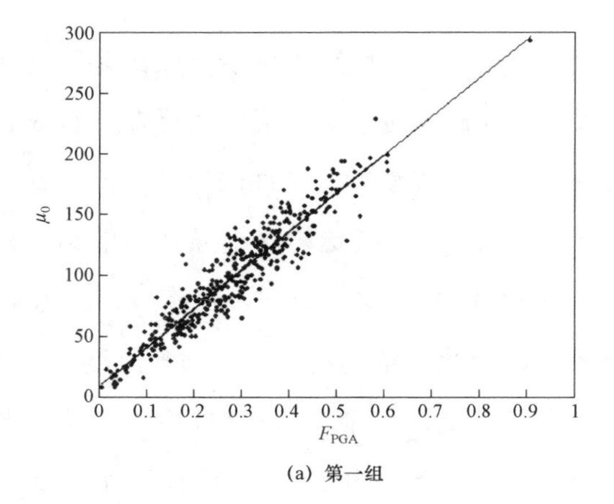

(a) 第一组

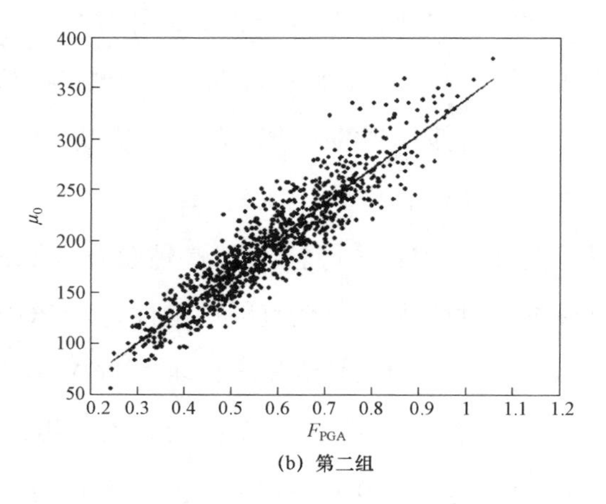

(b) 第二组

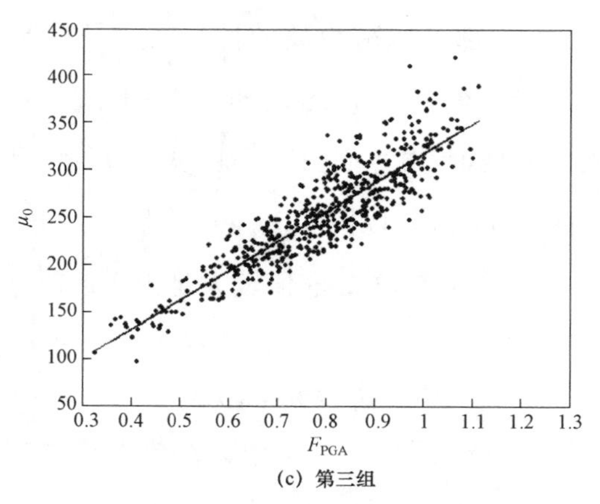

(c) 第三组

图 3.6　F_{PGA} 与 μ_0 的线性关系

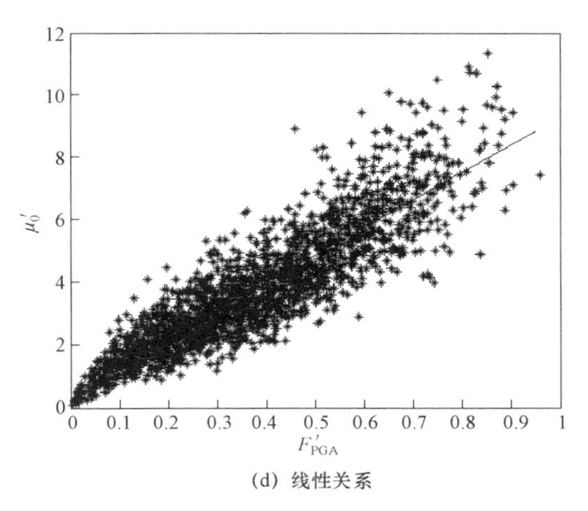

(d) 线性关系

图 3.6　F_{PGA} 与 μ_0 的线性关系（续）

F_{PGA} 是滤波后的峰值加速度，地震波加速度的高频分量作为“噪声”被过滤，2.9 Hz 以上的高频部分信息似乎很难形成具有针对 μ_0 的统计回归意义上的规律性，故称之为“噪声”。事实上，特定频率下低通滤波后的峰值加速度与特定 η 、T 条件下的延性需求 μ 之间似乎普遍具有较为显著的线性相关性，如图 3.6（d）所示，1.7 Hz 低通滤波后的峰值加速度与 $\eta = 0.5$ 、$T = 0.5$ 时延性需求 μ 的线性关系。

综上所述，在本章中引进两个量作为地震强度指标 IM：其一是地面峰值加速度 PGA，考虑的是地震幅值的影响，反映了地震波强度的绝对大小；其二是滤波加速度 F_{PGA} ，考虑的是地震频谱特性的影响，反映了地震强度的相对大小。

限于所搜集的资料及涉及的深度，参量 F_{PGA} 的更深层次影响因素，如场地土特性、震源机制、震中距等未予考虑，它作为因果链上连接地震机理与地震频谱特性的节点，其影响因素及衰减模型有待进一步研究。

3.3　贝叶斯网模型

如前文所述，在结构延性需求分析中，结构本身特性变异性相对较小而被视作定值，延性需求的变化主要是受地震作用强度的影响。在本章中，表征地震作用强度的参数或者说地震强度指标，是由表征地震幅值的峰值加速度 PGA 及表征地震频谱特性 F_{PGA} 两个参数构成；地震强度指标 $(\mathrm{PGA}, F_{\mathrm{PGA}})$ 与结构延性需求 μ 之间的关系通过拟合式（3.7）所确定的中间变量 μ_0，以及拟合式（3.6）所确定。忽略 F_{PGA} 的深层次影响因素，仅考虑地面峰值加速度 PGA 的决定性因素，可以构造出结构概率延性需求贝叶斯网模型，如图 3.7 所示。

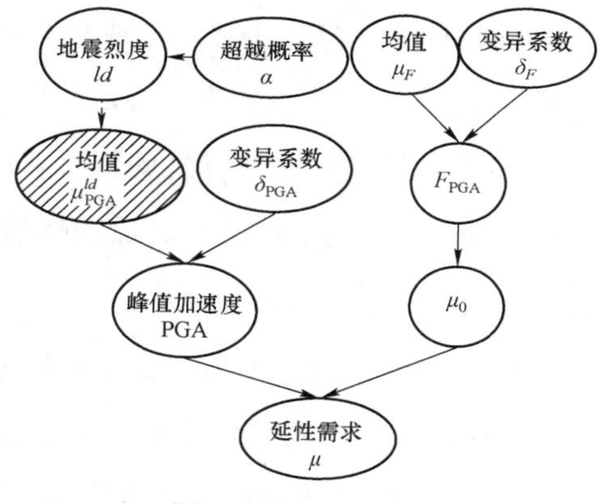

图 3.7　贝叶斯网络

严格说来，地面峰值加速度 PGA 的概率分布，应该通过相应的地震作用衰减模型加以确定，然而这需要对特定场地附近震源加以考察。本章以地震烈度作为决定性因素，以更一般的方式建立地面峰值加速度 PGA 概率分布模型：在图 3.7 所示贝叶斯网中，节点“超越概率 α ”表示某地罕遇烈度的超越概率，由于罕遇烈度下的 50 年超越概率在 0.02～0.03 并无明确

划分，因此罕遇烈度的超越概率 α 可以视为随机数；节点“地震烈度 ld”表征结构可能遭遇的罕遇地震烈度，它服从给定“超越概率 α ”下地震烈度的右截尾分布，考虑我国 50 年设计基准期内最大地震烈度的概率分布符合以下极值Ⅲ型分布

$$P_I(I)=\exp\left[-\left(\frac{12-I}{12-I_s}\right)^k\right] \tag{3.8}$$

$$f_I(I)=k\exp\left[-\left(\frac{12-I}{12-I_s}\right)^k\right]\cdot\left(\frac{12-I}{12-I_s}\right)^{k-1} \tag{3.9}$$

式中，$I_s=I_0-1.55$ 众值烈度，I_0 为基本烈度；k 为形状系数，可按基本烈度 I_0 在 50 年基准期内的超越概率为 10% 确定，如基本烈度为 6 度时 k 取值为 9.79；节点“均值 $\mu_{\mathrm{PGA}}^{\mathrm{ld}}$ ”表征峰值加速度 PGA 概率分布的均值，在给定结构可能遭遇的罕遇“地震烈度 ld”的条件下，可以根据刘恢先先生提出的地震烈度与峰值加速度的关系加以确定，即

$$A_m=10^{I\lg 2-0.01} \tag{3.10}$$

在贝叶斯网中，阴影节点“均值 $\mu_{\mathrm{PGA}}^{\mathrm{ld}}$ ”是非概率节点，其在给定父节点取值下的取值是确定值而不似一般概率节点取值为随机值；节点“变异系数 δ_{PGA} ”表征峰值加速度 PGA 概率分布的变异系数，它是一个先验节点，取平均变异系数 0.7。节点“峰值加速度 PGA ”的取值服从给定“均值 $\mu_{\mathrm{PGA}}^{\mathrm{ld}}$ ”及“变异系数 δ_{PGA} ”下的极值 I 型分布。

本章忽略了滤波加速度 F_{PGA} 的深层次影响因素而直接采用“均值 μ_F ”及“变异系数 δ_{F} ”确定节点“ F_{PGA} ”的概率分布，“均值 μ_F ”及“变异系数 δ_{F} ”为先验分布，具有较大的主观性；在确定了滤波加速度“ F_{PGA} ”的条件下，参数“ μ_0 ”的取值由回归式（3.7）确定；而在确定了“峰值加速度 PGA ”参数“ μ_0 ”的条件下，所求的“延性需求 μ ”的取值由回归式（3.6）确定。贝叶斯网节点及所涉及参量的先验分布及条件分布或取值如

表 3.1 所示，其中 δ 、$r1$ 、$r2$ 均通过 KS 检验。

表 3.1　Bayesian 网参数分布及取值

参数名称	分布形式或取值	参数名称	分布形式或取值
超越概率 α	lgnorm(−3.45, 0.58)	地震烈度 Id	极值Ⅲ型截尾分布
PGA 变异系数	lgnorm(−0.36, 0.10)	PGA 均值	式（3.8）
F_{PGA} 均值 μ_F	对数正态，经验选取	F_{PGA} 变异系数	对数正态，经验选取
μ_0	式（3.7）	延性需求 μ	式（3.6）
δ	第一组：norm(2.20e − 3, 0.18)	a	第一组取值：318.05
	第二组：norm(4.26e − 4, 0.11)		第二组取值：342.93
	第三组：norm(1.83e − 4, 0.10)		第三组取值：312.60
b	第一组取值：8.11	$r1$	第一组：norm(1.60, 0.21)
	第二组取值：−2.90		第二组：gamma(35.51, 0.04)
	第三组取值：5.97		第三组：extm_typeI(1.04, 0.13)
$r2$	第一组：norm(1.30, 0.17)	PGA	由变异系数及均值确定的极值 I 型
	第二组：norm(1.37, 0.08)		
	第三组：norm(1.38, 0.05)	F_{PGA}	由 F_{PGA} 均值及方差确定的对数正态

某地区当不存在地震的观测记录时，根据贝叶斯网通过蒙特卡罗模拟可计算出延性需求先验分布；当存在地震观测记录，即 $\mathrm{PGA}^{\mathrm{Obs}}$ 和 $\mathrm{F}_{\mathrm{PGA}}^{\mathrm{Obs}}$ 已知时，可以更新初始节点，如“超越概率 α ”“PGA 变异系数”等的后验概率，最终得到延性需求的后验概率。给定观察值 $F_{\mathrm{PGA}}^{\mathrm{Obs}}$ 条件下，参数 F_{PGA} 的均值 μ_F 及变异系数 δ_F 后验分布为：

$$P(\mu_F,\delta_F \mid F_{\mathrm{PGA}}^{\mathrm{Obs}})=\frac{P(F_{\mathrm{PGA}}^{\mathrm{Obs}} \mid \mu_F,\delta_F)P(\mu_F)P(\delta_F)}{\iint P(F_{\mathrm{PGA}}^{\mathrm{Obs}} \mid \mu_F,\delta_F)P(\mu_F)P(\delta_F)\,\mathrm{d}\mu_F\mathrm{d}\delta_F} \tag{3.11}$$

式中，$P(\mu_F)$ 、$P(\delta_F)$ 分别为参数均值 μ_F 及变异系数 δ_F 的先验概率分布；$P(F_{\mathrm{PGA}}^{\mathrm{Obs}} \mid \mu_F,\delta_F)$ 为给定均值 μ_F 及变异系数 δ_F 条件下观测值 $F_{\mathrm{PGA}}^{\mathrm{Obs}}$ 的条件概

率分布，代入表 3.1 所示各自的概率分布得：

$$P(\mu_F,\delta_F|\ F_{\text{PGA}}^{\text{Obs}})=\frac{\lg\text{norm}(F_{\text{PGA}}^{\text{Obs}}|\ \mu_F,\delta_F)\lg\text{norm}(\mu_F|\ a,b)\lg\text{norm}(\delta_F|\ c,d)}{\iint\lg\text{norm}(F_{\text{PGA}}^{\text{Obs}}|\ \mu_F,\delta_F)\lg\text{norm}(\mu_F|\ a,b)\lg\text{norm}(\delta_F|\ c,d)\ \mathrm{d}\mu_F\mathrm{d}\delta_F} \tag{3.12}$$

式中形如 $\lg\text{norm}(x\,|\,\mu,\delta)$ 意为均值为 μ 变异系数为 δ 的对数正态分布下取值为 x 的概率值，此外 a 、 b 、 c 、 d 为按经验设定的先验对数正态分布参数值。类似的，当给定观测值 PGA^{Obs} 时，由图 3.7 所示贝叶斯网的相互关系，参数超越概率 α 、地震烈度 ld 及变异系数 δ_{PGA} 的后验分布为：

$$P(\alpha,\delta_{\text{PGA}},\text{ld}\,|\,\text{PGA}^{\text{Obs}})=\frac{P(\alpha)P(\delta_{\text{PGA}})P(ld\,|\,\alpha)P(\text{PGA}^{\text{Obs}}\,|\,\delta_{\text{PGA}},\mu_{\text{PGA}}^{ld})}{\iiint P(\alpha)P(\delta_{\text{PGA}})P(\text{ld}\,|\,\alpha)P(\text{PGA}^{\text{Obs}}\,|\,\delta_{\text{PGA}},\mu_{\text{PGA}}^{ld})d(ld)\ \mathrm{d}\alpha\mathrm{d}\delta_{\text{PGA}}} \tag{3.13}$$

3.4　MCMC 算法

参考式（3.11）～式（3.13）的三个后验概率表达式，贝叶斯后验概率可一般性地概括为

$$p(x)=\frac{f(x)}{K} \tag{3.14}$$

上式分子中的 $f(x)$ 是贝叶斯后验概率分布的核函数，而上式分母中的 K 是一个非常复杂的高维积分，难以采用解析方法或一般的蒙特卡罗数值模拟求解，因此本章采用马尔科夫链蒙特卡罗模拟（MCMC）求解。MCMC 是一种动态的蒙特卡罗模拟方法，它的依据是马尔科夫过程的各态历经特

性，最终收敛于一个静态分布，该静态分布即为所求分布。

3.4.1 马尔科夫链蒙特卡罗模拟算法

马尔科夫链蒙特卡罗模拟即是利用马尔科夫过程对随机变量进行采样，构造满足局部平衡方程的采样过程使得采样序列（马尔科夫链）的静态分布最终收敛于目标分布。该方法最早是数学物理学家们用随机采样的方法解决复杂函数的积分而提出的，并由此产生了 Metropolis-Hastings 算法、Gibbs 算法等。贝叶斯后验概率具有式（3.14）的一般形式，其中 $f(x)$ 为概率核函数，归一化参数 K 是未知的，通常为难以计算的多维积分，由此一般的采样方式难以进行，Metropolis 算法通过如下方式形成后验概率 $p(x)$ 的采样序列。

1. 从任意的初始值 x_0 开始，x_0 须满足 $f(x_0)>0$。

2. 据当前 x_t 值，根据跳转分布 $q(x^*|x_t)$ 采样生成候选样本 x^*。跳转分布 $q(x^*|x_t)$ 亦称为候选生成分布或者提议分布，是给定当前 x_t 值下返回候选样本 x^* 的概率分布，Metropolis 算法对跳转分布概率密度的唯一限制是满足对称性，即 $q(x^*|x_t)=q(x_t|x^*)$；

3. 由候选样本 x^* 与当前样本 x_t 的概率密度比值计算候选样本接受率 α

$$\alpha=\frac{p(x^*)}{p(x_t)}=\frac{f(x^*)}{f(x_t)} \tag{3.15}$$

由于考虑是概率 $p(x)$ 的两个不同值的比率，因此归一化常数 K 被约去；

4. 如果候选样本的概率密度有所增加，即 $\alpha>1$，则接受候选样本 x^*，设 $x_t=x^*$ 并返回步骤 2；如果候选样本概率密度减少，即 $\alpha<1$，则以概率 α 接受样本并返回步骤 2。

上述算法通过首先计算 α 值

$$\alpha=\min\left(\frac{f(x^*)}{f(x_t)},1\right) \tag{3.16}$$

然后以概率 α 接受候选样本。由于 x_t 到 x_{t+1} 的转移概率仅依赖于 x_t 而与以前状态 $(x_0,x_1,\cdots,x_{t-1})$ 无关，则由此即产生了一个马尔科夫链；经过足够长的 k 步强化阶段（burn-in period），马尔科夫链达到静态分布，从序列 $(x_{k+!},\cdots,x_{k+n})$ 中采样等效于从 $p(x)$ 中采样。Hastings 采用任意的跳转分布 $q(x^*\mid x_t)$ 对 Metropolis 算法加以改进，候选样本接受率调整为

$$\alpha=\min\left(\frac{f(x^*)q(x_t\mid x^*)}{f(x_t)q(x^*\mid x_t)},1\right) \tag{3.17}$$

此时算法称为 Metropolis-Hastings 算法；当跳转分布 $q(x^*\mid x_t)$ 具有对称性时，式（3.17）退化为 Metropolis 算法中的式（3.16）。MH 算法中的状态转移概率满足关于分布 $p(x)$ 的局部平衡方程，因此算法所产生的马尔科夫链最终收敛于平衡分布 $p(x)$，马尔科夫链产生的样本序列等效于从 $p(x)$ 中采样。

用 MH 算法进行成功采样的一个关键在于马尔科夫链达到静态平衡时所需要的运行次数，即所谓“强化期”（burn-in period）的长度。通常前 1000 至 5000 的样本会被舍弃，然后用某种收敛性检验评估马尔科夫链是否达到了静态分布。初始值或者候选生成概率分布的不恰当选择会导致极大地增加采样的强化期，对初始值的一般合理的选择是尽可能选取分布中心点，比如概率分布峰值点或近似的最大似然点。一个马尔科夫链被称为低混频性（poorly mixing）是指其采样序列长时间陷入变量样本空间的一个较小的区域，与之对应的是较快探索样本空间的高混频性（well mixing）。产生低混频性的原因，可能是由于目标分布的多峰值性（先验性分布与观测数据的冲突通常导致多峰后验分布）以及初始值选择在邻近某个峰值范围内。对于目标分布可能具有多峰的情况，通常采用两种方法加以解决，较为直

接的是用高度分散化的初始值同时启动多条马尔科夫链；其二是在单马尔科夫链下采用模拟退火法。

模拟退火是针对标准“上山”（hill-climbing）搜索算法易陷入局部峰值而发展起来的搜索具有多峰值复杂函数最大值的方法。其基本思想是当采样刚开始时，按一合理的比例进行“下山”（down-hill）动作以搜索整个样本空间，并在搜索过程中，逐步减少下山动作所占的比例。这个过程模拟了在温度下降时晶体退火时的状态变化：在搜索开始时，下山动作具有较大的比例；随着温度降低该比例越来越小。当采用基于模拟退火的Metropolis采样时，接受率α的取值为

$$\alpha_{SA}=\min\left[1,\left(\frac{p(\theta^*)}{p(\theta_{t-1})}\right)^{1/T(t)}\right] \tag{3.18}$$

式中，$T(t)$称为冷却进度，T在马尔科夫过程中任意点t上的取值称为温度，$T=1$时退化为标准的Metropolis采样。根据冷却进度，整个采样过程开始于一个较高的跳转概率以搜索整个样本空间，最终冷却到较低的跳转概率达到收敛的目的。本章中，定义冷却进度为

$$T(t)=\max(T_0^{1-t/n},1) \tag{3.19}$$

即n步后退火过程完成恢复到一般的Metropolis采样。

3.4.2 收敛性诊断（CD）

采样的收敛性对MCMC算法至关重要，事实上整个MCMC计算后验分布的过程是在采样-检验的相互调整中进行的。不同于普通蒙特卡罗模拟，在采样开始阶段，马尔科夫链并未达到静态分布，因此开始阶段的采样必须舍弃，即所谓强化期；由于样本是由提议分布根据前一次采样结果

生成的，样本序列的相关性较大，因此在实际采样中，多采用周期性间隔采样方式打薄（thin）以减小相关性。

MCMC 算法的收敛性检验方法很多，其基本假设及侧重点各不相同。比较常用的方法包括 Geweke 检验和 Raftery-Lewis 检验，在本文中同时使用两种检验方式获得后验概率的分布信息。

1. Geweke 检验：用于验证样本矩的收敛性，它的主要依据是在采样收敛时，样本序列的前后部分应无显著差异。当马尔科夫链收敛于静态分布时，样本序列的前 10% 和最后 50% 应该具有相同的均值，Geweke 检验统计值趋近标准正态分布。Geweke 检验统计值是一个改进的 Z 统计量：前后两部分样本均值之差与标准差估计值之比。

2. Raftery-Lewis 检验：它提供了采样收敛所需要的更为详细信息，通过将采样时的马尔科夫过程转化为 0～1 二元化的马尔科夫过程，计算采样所需的强化阶段长度 m 、采样长度 n ，以及打薄周期 k 。

对于打薄周期 k 的确定：由示性函数 $Z_t=\delta(X_t\leqslant x)$，可以将样本序列 X_t 转化为新的二进制 0～1 样本序列 Z_t，注意该新序列本身并不一定是马尔科夫链；进一步对这个新序列 $\{Z_t\}$ 每隔 k 个样本取样形成新序列 $\{Z_t^{(k)}\}$，即 $Z_t^{(k)}=Z_{1+(t-1)k}$，则当打薄周期 k 充分长时，$\{Z_t^{(k)}\}$ 近似为马尔科夫链。根据每一个 k 值下形成的一阶马尔科夫链和二阶马尔科夫链，计算 BIC 信息准则以选择最小 k 值，BIC 的定义为

$$\mathrm{BIC}=G^2-2\lg n \tag{3.20}$$

式中，G^2 为二阶马尔科夫链和一阶马尔科夫链的对数似然比检验统计量。当 BIC 值大于 0 时，可认为此时 k 值下形成的一阶马尔科夫链优于相应的二阶马尔科夫链，取此时 k 值为打薄周期。

对于强化阶段长度 m 的确定：设新序列 $\{Z_t^{(k)}\}$ 的转移概率矩阵为

$$P=\begin{pmatrix}1-\alpha & \alpha \\ \beta & 1-\beta\end{pmatrix} \tag{3.21}$$

式中，α、β分别为两值状态之间相互的转移概率，则相应的静态分布为$\pi=(\pi_0,\pi_1)=(\alpha+\beta)^{-1}(\beta,\alpha)$，从初始状态开始，第$l$步转移概率为

$$P^l=\begin{pmatrix}\pi_0 & \pi_1 \\ \pi_0 & \pi_1\end{pmatrix}+\frac{\lambda^l}{\alpha+\beta}\begin{pmatrix}\alpha & -\alpha \\ -\beta & \beta\end{pmatrix} \tag{3.22}$$

式中，$\lambda=1-\alpha-\beta$。强化阶段的存在，是为了保证后续的采样序列达到静态分布：即，由采样序列得到的概率$P(Z_m^{(k)}=i\,|\,Z_0^{(k)}=j)$与最终的静态分布概率$\pi_i$（$i,j=0,1$）之间的误差处于一个较小值$\varepsilon$范围内。设$e_0=(1,0)$，$e_1=(0,1)$，根据式（3.12）可得到采样序列概率$P(Z_m^{(k)}=i\,|\,Z_0^{(k)}=j)=e_jP^m$，由误差要求可推出强化阶段长度$m$的取值为

$$m=\frac{\lg\left(\dfrac{\varepsilon(\alpha+\beta)}{\max(\alpha,\beta)}\right)}{\lg\lambda} \tag{3.23}$$

该强化阶段长度m已考虑了打薄周期k，实际的强化阶段长度为$M=mk$。

对于采样长度n的确定：累积概率分布$P(X\leqslant x|U)$的估计值为$\bar{Z}_n^{(k)}=\frac{1}{n}\sum_{t=1}^{n}Z_t^{(k)}$，由中心极限定理可知，当$n$足够大时，$\bar{Z}_n^{(k)}$服从以均值为$q$，方差为$\frac{1}{n}\frac{\alpha\beta(2-\alpha-\beta)}{(\alpha+\beta)^3}$的正态分布。由上可知，满足$P(q-r\leqslant\bar{Z}_n^k\leqslant q+r)=s$所需要的采样长度$n$为

$$n=\frac{\dfrac{\alpha\beta(2-\alpha-\beta)}{(\alpha+\beta)^3}}{\left[\dfrac{r}{\phi(0.5(1+s))}\right]^2} \tag{3.24}$$

式中，ϕ为标准正态累积概率分布函数，r为误差范围或概率区间宽度，q为累积概率分布的真实值，s为估计值$\bar{Z}_n^{(k)}$落在以真实值q为中心，误差半

径为 r 的范围内的保证率。

为了使上述方法行之有效，先按初始采样长度 $N_{\min}$ 进行初采样，以确定后续采样长度、打薄周期、强化阶段等采样参数，这个过程可以反复迭代进行，每次的采样过程通过对转移概率 α 、β 的重新估计，不断提高计算精度以更准确地确定采样参数。假设强化阶段 $m=0$ 、打薄周期 $k=1$，初始采样长度 $N_{\min}$ 为

$$N_{\min}=\Phi^{-1}\left[0.5(1+s)\right]^2\frac{q(1-q)}{r^2} \tag{3.25}$$

3.4.3　本章的计算架构

本章采用 MCMC 算法流程包括三个阶段。

1. 调整阶段，主要针对初始点和提议分布的参数进行调整。由于参数物理意义的非负性，本章采用对数正态分布作为提议分布，在分布形式确定后，可以通过调整参数获取较好的混频特性，这包括两个方面：一是候选样本接受率 α 不宜过低，过低的接收率使得样本取值的状态转移困难从而难以收敛，这可通过减小跳转分布的方差并将其均值设在后验分布峰值附近加以解决；二是跳转分布的方差不宜过小，过小的方差同样使得采样无法在整个定义区间进行导致收敛困难，本章采用模拟退火的思路，按实际采样接受率调整跳转分布参数。

2. 强化及采样阶段，以 Metropolis-Hasting 算法进行采样；

3. 收敛性诊断阶段，通过 Raftery-Lewis 检验重新估计强化阶段长度 m 、采样长度 n ，以及打薄周期 k 。返回第二阶段交互迭代，直至通过 Geweke 检验。MCMC 算法流程如图 3.8 所示。

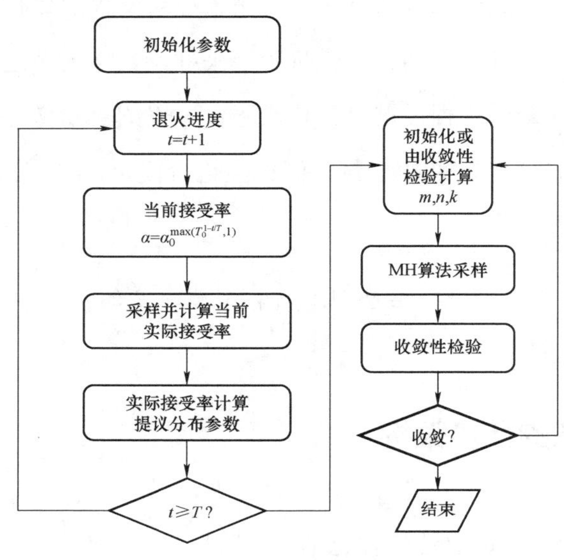

图 3.8　MCMC 算法流程

3.5　算　例

某构筑物通过 PUSHOVER 分析简化为单自由度体系，恢复力模型为双线性，屈服后与屈服前刚度比为 0.05，质量为1×10^6 kg，阻尼比为 0.05，周期为 1.10 s，屈服强度为 1 738 kN，屈服位移为 53.426 mm。考虑 8 度设防下满足“大震不倒”的延性需求。

在本算例中，设地震速度脉冲特性满足第三组条件，即 $\mathrm{PGV}/\mathrm{PGA}\in[0.10,0.15]$，其他情况可类似推论。在没有观测值的条件下，考虑变异系数的先验分布对贝叶斯网模拟计算结果的影响，如表 3.2 所示。

表 3.2　Bayesian 网主要节点信息

δ_{PGA} 与 δ_F 的均值	PGA 均值	μ_0 均值	μ 均值
	PGA 均方差	μ_0 均方差	μ 均方差
（0.7，0.7）	5.822 3	161.443 2	2.999 7
	4.633 3	111.708 8	5.225 0
（0.7，0.2）	5.810 0	162.056 4	3.013 6
	4.600 2	38.510 5	3.913 6
（0.2，0.7）	5.825 1	162.235 6	2.701 4
	2.164 4	114.094 8	2.940 5
（0.2，0.2）	5.826 3	162.245 3	2.709 0
	2.200 6	39.010 4	2.062 1

表 3.2 设 F_{PGA} 的均值，节点"均值 μ_F"的分布取均值为 0.5，变异系数为 0.1 的对数正态分布；罕遇地震的 50 年的超越概率，节点"超越概率 α"取均值为 0.025，变异系数为 0.1 的对数正态分布。由于 α 的分布是确定的，因此在单因果链上的峰值加速度 PGA 均值，节点"均值 μ_{PGA}^{ld}"也服从一个确定的分布。在 PGA 及 F_{PGA} 的均值，μ_F 与 μ_{PGA}^{ld} 为确定性分布的条件下，考察各自相应的变异系数，即 δ_{PGA} 与 δ_F 的分布发生变化时对模拟结果的影响，由表 3.2 可得以下三点。

1. PGA 及 F_{PGA} 的变异性减小时，延性需求 μ 的变异性也相应减小。特别地，当二者变异系数均值均取 0.2 时，延性需求变异系数约为 0.76，小于 1。

2. 当 PGA 及 F_{PGA} 变异系数，δ_{PGA} 与 δ_F 的均值取最小值 0.2 时，PGA 及 F_{PGA} 的实际变异系数分别为 0.38 和 0.24，二者之和接近此时延性需求 μ 的实际变异系数 0.76；当 δ_{PGA} 与 δ_F 的均值取 0.2 和 0.7 时，PGA 及 F_{PGA} 的实际变异系数分别为 0.37 和 0.70，二者之和接近此时延性需求 μ 的实际变异系数 1.09；表 3.2 的其他两种情况可推得类似结果。由此可知，延性需求 μ 的实际变异系数由 PGA 及 F_{PGA} 的实际变异系数所确定；F_{PGA} 的实际变异系数与其变异系数均值 δ_F 接近，而 PGA 的实际变异系数偏大于其变异系数均值 δ_{PGA}，这可能是由于后者具有比前者更长的因果链而涉及更多的参数所导致的结果。简言之，延性需求 μ 具有较大的变异性可能是由于贝叶斯网因果链上涉及较多的随机变量。

表 3.3　Bayesian 网主要节点信息

α 与 μ_F 分布的均值	PGA 均值 PGA 均方差	μ_0 均值 μ_0 均方差	μ 均值 μ 均方差
0.01，0.5	7.388 7	162.074 3	4.184 1
	5.758 3	66.688 1	5.901 4
0.05，0.5	4.731 6	161.881 3	2.292 6
	3.901 7	66.811 7	3.503 8
0.01，0.8	7.407 1	256.091 9	6.607 2
	5.759 8	107.027 3	9.192 4
0.05，0.8	4.767 5	255.469 1	3.623 3
	3.895 0	105.641 4	5.175 3

注：δ_{PGA} 与 δ_F 为确定性分布，均值分别取 0.7 和 0.4

3. 表 3.2 中变异系数（δ_{PGA}，δ_F）的均值取为（0.2，0.2）时，对比取值为（0.2，0.7）时，延性需求变异系数从 0.76 增至 1.09；而当取值为(0.7,0.2)时，延性需求变异系数则增至 1.30。这说明，延性需求 μ 对 PGA 的变异性较 F_{PGA} 更为敏感，即 PGA 离散性的大小对延性需求 μ 离散性大小的影响比 F_{PGA} 更显著。

4. 延性需求 μ 的均值大小似乎受 PGA 变异性影响，其原因有可能是受条件分布概率概型的影响。考察 PGA 的变异系数 δ_{PGA}、F_{PGA} 的变异系数

δ_F 为确定性分布时，各自均值的分布变化对结果的影响。从表 3.3 可以看出，延性需求 μ 的均值与 α 均值成负相关，与 F_{PGA} 均值成正相关；α 的均值越大，延性需求的变异性也越大。

在有观察值的条件下，考虑先验分布与观测值的相互关系对后验延性需求的影响。超越概率 α 的取值按表 1 所示，此分布下超越概率均值 0.025 变异系数为 0.1；峰值加速度离散差均值取 0.7，变异系数 0.1；设 F_{PGA} 的均值取均值为 0.5，变异系数为 0.1 的对数正态分布；方差取均值为 0.1，变异系数为 0.1 的对数正态分布。现在有一组观察值（CHICHI-CHY080），两个方向的峰值加速度 PGA 观测值分别为 8.839 6 及 9.486 4（m/s^2）；两个方向的 F_{PGA} 观察值为 0.842 5 及 0.870 6。主要节点的先验分布及后验分布如表 3.4 所示。

表 3.4　Bayesian 网主要节点信息

节点	先验分布				后验分布			
	均值	标准差	0.5 分位	0.95 分位	均值	标准差	0.5 分位	0.95 分位
PGA	5.813 8	4.638 4	4.864 5	14.405 5	6.229 2	4.884 5	5.234 2	16.261 1
μ_0	162.186 4	27.114 2	160.293 6	210.156 4	227.370 3	35.636 1	225.135 1	289.446 9
μ	3.004 5	3.827 4	1.834 9	9.710 3	4.634 0	5.863 5	2.865 1	14.755 8

PGA 和 F_{PGA} 的实际观察值比先验分布的均值大得多时，二者存在较大冲突，而后验分布则修正了这种冲突性。从表 3.4 中可以看出，PGA、与 F_{PGA} 直接相关的 μ_0 的各自后验分布相较于先验分布明显“右移”；而从“因”到“果”的分析表明，由于 μ_0 和 PGA 都具有较大的取值，因此延性需求 μ 的取值分布也较先验分布整体右移；图 3.9 为先验分布与后验分布的对比，由此可以直观地看出后验概率分布与累积函数峰值均向右侧移动；虽然此时延性需求变异系数从先验分布的 1.28 降至后验分布的 1.02，但方差却随

着延性需求后验均值的增大而被放大，图中先验概率分布比后验概率分布更集中且先验累积分布较后验累积分布更陡峭。

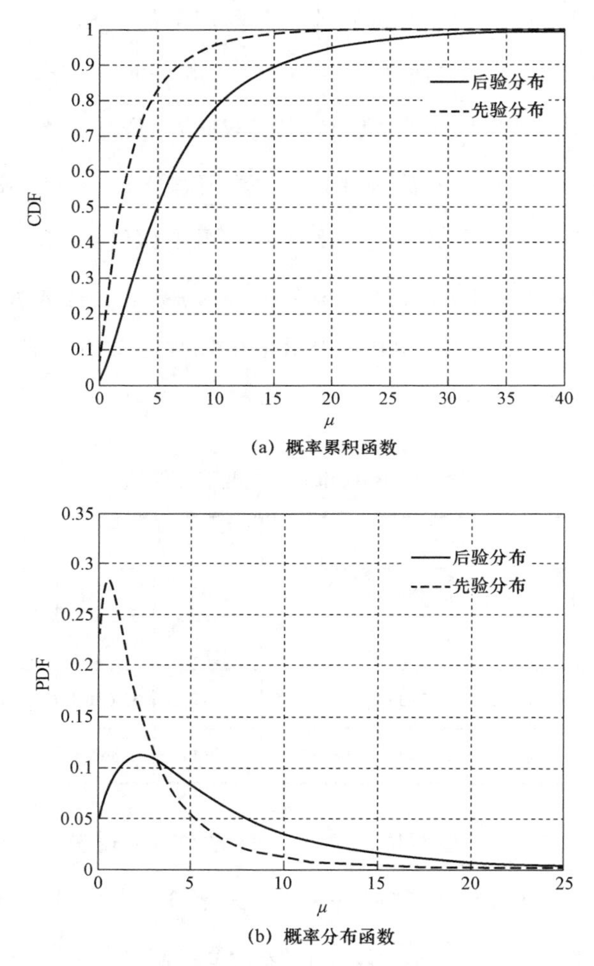

(a) 概率累积函数

(b) 概率分布函数

图 3.9 先验分布与后验分布

图 3.10 则是观测值小于先验分布均值的情况，延性需求 μ 的后验概率分布与累积函数峰值均向左侧移动，此时延性需求变异系数从先验分布的 1.28 降至后验分布的 0.99，方差随着均值的减小而降低，后验的概率分布

函数变得更加集中而概率累积函数 CDF 变得更为陡峭。综上所述，相近观测值的增加会减小后验分布的离散系数，但后验方差的绝对大小却与观测值相对于先验分布均值的大小相关，先验分布的估计不足会导致较大的延性需求后验方差。

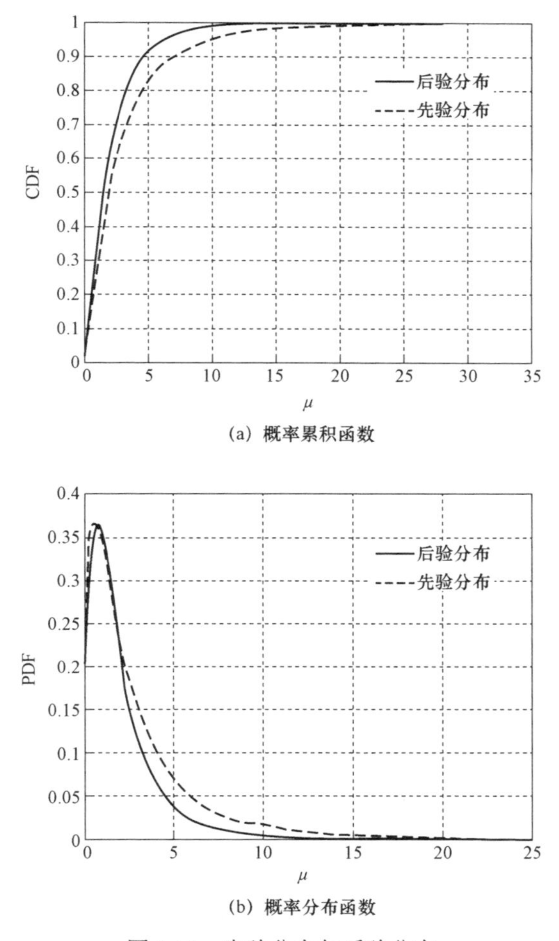

图 3.10　先验分布与后验分布

3.6 小 结

结构的概率地震需求分析是基于概率论框架的抗震性能评估的基础，而其中延性需求是最为常用的需求指标。在以往的概率延性需求分析中，常采用统计回归模型描述不同的场地类别、设计分组下的概率延性需求反应谱，这种概率延性反应谱往往只与若干组固定的场地类别和设计分组相关，缺乏变通性，在具有实际地震观测纪录的条件下，无法融合这些实际的观测信息以改变相应的概率延性需求分布，鉴于此，本章探讨了基于贝叶斯网络的结构概率延性需求分析方法。

基于贝叶斯网络的结构概率延性需求分析包括两方面内容：其一是建立结构延性需求的贝叶斯网络模型；其二是贝叶斯网络的数值模拟计算。对于第一个方面，最核心最基础的内容在于建立一个地震强度指标IM与结构延性需求μ的概率关系，即$f(\mu|\mathrm{IM})$，注意不同于以往基于场地类别及设计分组的统计回归方式，这里强度指标IM被明确提出以强调延性需求的条件相关性，由此$f(\mu|\mathrm{IM})$的确定包括了地震强度指标IM的确定和统计回归分析两个方面：本章根据所搜集到的1918条地震记录，对具有不同屈服水平系数及周期的单自由度体系作了弹塑性时程分析；通过回归分析，构造了一个新参数F_{PGA}用于描述地震频谱特性对延性需求的影响，并建立了给定地震强度IM（即PGA与F_{PGA}）条件下结构延性需求μ的概率关系。在此基础上，以地震烈度作为PGA的决定因素而忽略F_{PGA}的深层次影响因素，形成了最终的结构延性需求贝叶斯网。

对于第二个方面，则通过引进马尔科夫链蒙特卡罗模拟（MCMC）方法实现贝叶斯网络的数值模拟计算，即计算给定地震强度观察值条件下延

性需求的后验分布。本章所提出的基于 MCMC 的计算流程可以较好地解决贝叶斯网模拟的计算收敛及检验问题，具有较高的实用性。

算例分析表明，两个地震强度参数，PGA 及 F_{PGA} 均对地震延性系数均有较大影响，而由此构造的贝叶斯网，能较好地反映地震延性与地震强度之间的量化逻辑关系；贝叶斯网可以根据实际的地震强度观察值调整后验延性需求的概率分布，从这个角度说，它实现了延性计算的“本地化”；对于基于性能的抗震设计或抗震性能评估而言，本地化的延性需求概率分布由于融合了当地的地震强度信息而更具有针对性，较之以往的根据泛化大样本空间统计而得到的延性需求概率分布，前者具有更高的准确性，而后者仅仅是一种先验分布。

第4章　基于模糊代表值的近场地震强度指标

4.1　地震强度指标 IM

地震强度指标是刻划地震强度的度量，综合反映了地震三要素，即地震的幅值、频谱、持时对结构响应的影响。在美国太平洋地震工程研究中心（PEER）提出的结构性能概率评估指导性原则中，采用了地震强度指标 IM、结构损伤测度 DM 两个中间变量计算决策变量 DV 的超越概率：

$$\lambda(\mathrm{DV})=\iint_{\mathrm{IM}\times\mathrm{DM}} G(\mathrm{DV}\mid\mathrm{DM})\,\mathrm{d}G(\mathrm{DM}\mid\mathrm{IM})\,\mathrm{d}\lambda(\mathrm{IM})$$

在上式中，地震强度指标 IM 作为一个中间变量，将概率地震危险性分析 $\lambda(\mathrm{IM})$，以及结构响应分析 $G(\mathrm{DM}\mid\mathrm{IM})$ 有机地连接起来。地震强度指标 IM 的选择，主要遵从两个基本原则，即有效性和充分性：地震强度指标 IM 的有效性是指，在给定 IM 的条件下，结构响应 DM 的离散性相对较小。有效的地震强度指标，可以在同样的精度条件下，有效地减少用于确定条件概率分布 $G(\mathrm{DM}\mid\mathrm{IM})$ 所需要的非线性动力分析以及地震纪录的数量；地震强度指标 IM 的充分性是指该指标能全面反映地震的各种特性，其数学定义为在给定地震强度指标的条件下，结构响应 DM 相对于地震其他特性（参

数）的条件独立性，例如条件独立于震源距离 R 或震级 M，特别的，在近场地震条件下，条件独立于速度脉冲信息。结构性能评估中，一个充分的地震强度指标 IM 可以保障在不考虑震级大小 M、震源距离 R 或者其他地震特性的条件下，对 $G(\mathrm{DM}\,|\,\mathrm{IM})$ 的估计同样具有较高的精度。

寻求一个充分、有效的地震强度指标用于地震结构响应分析及抗震性能评估，是实现基于性能抗震设计的首要前提，也是结构工程抗震研究领域所面临的难点之一。目前研究中所采用的地震强度指标主要分为两大类：其一是从地震纪录本身入手的地面运动参数，如最简单的峰值地面运动参数 PGV、PGA 等；其二是考虑了结构响应的地震强度指标，较为普遍的是各种响应谱值，如工程界目前最常用的第一周期谱加速度 $S_a(T_1)$。已有的研究表明，简单的峰值地面运动参数，如 PGA 指标等具有较大的预测误差离散性而往往不能满足工程需要；常用的第一周期谱加速度 $S_a(T_1)$ 的充分性和有效性也遭到质疑。单一的地震强度指标似乎越来越不能反映地震运动的复杂性和多变性以及人们对抗震性能评估精度的要求，于是向更加复杂的向量型地震强度指标、分阶段指标等形式拓展。

近年来，近场地震由于其多发性和危害性，逐渐成为结构抗震工程领域研究的热点。在本章中，通过收集 12 场地震的 71 条地震波纪录，分析了三种典型框架结构在近场地震作用下的响应，比较了多种不同的地震强度指标的优劣性，在此基础上，依据结构地震响应的模糊性，提出了适用于近场地震的新强度指标，为结构抗震设计分析提供参考。

4.2　近场地震特性及地震纪录选取

由于近场地震的频繁发生以及较大的危害性，近年来逐渐成为研究的热点。近场地震包括三个主要特性，即速度脉冲、方向性效应和较大的竖向加速度。

近场地震的速度脉冲特性，是指地震纪录的速度波形呈现脉冲波特性（见图 4.1），较大的速度脉冲导致结构产生较大的位移和变形，这往往是近场地震区别于一般地震的最重要特征之一。在已有的研究中，多采用 PGV/PGA 的比值作为判断脉冲型地震的参考指标，而速度脉冲周期 T_p 的概念被引进基于等效脉冲响应简化计算的设计流程中；具有较大速度脉冲波形的地震纪录，其相应的反应谱在长周期也呈现较大的幅值，基于此，目前部分国外设计规范，通过修改设计谱在长周期的反应谱值考虑近场地震作用。

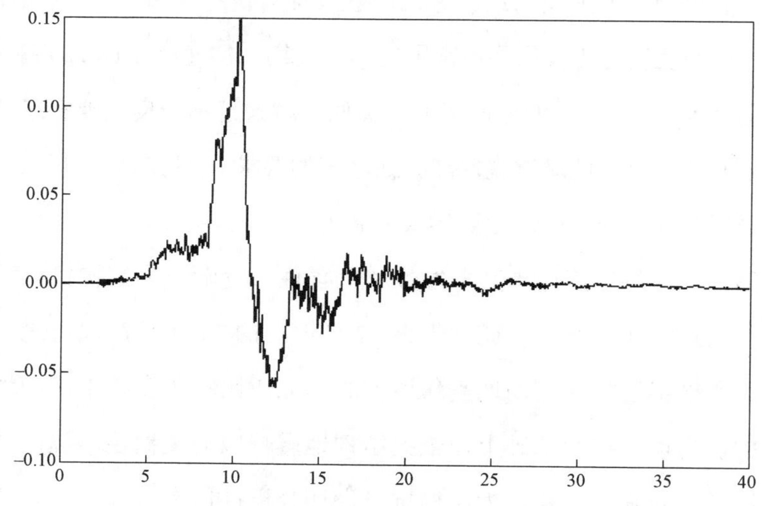

图 4.1　Landers 地震 Lucerne 台站 260 分量速度时程（脉冲特性）

近场地震的方向性效应，是指对于断层破裂带指向场地的前向型近场地震，其地面运动在垂直地层断裂方向上的强度要远大于平行断裂方向的强度：断层破裂带以接近剪切波速的速度向场地方向传播时，地震能量将在极短的时间内到达场地，剪切错位的辐射模式使得脉冲导向垂直

于断层，因此，垂直于断层方向的地面运动分量将远比平行断层方向的分量大得多（图 4.2）；对于断层破裂带背离场地的后向型近场地震，这种具有较长持时的地面运动在长周期范围内具有较小的幅值，由于地震能量抵达场地时已经分散，所以其地面运动的加速度、速度、位移的峰值将远小于相应的前向型地震纪录，甚至震中距较小的后向型地震纪录其幅值也明显小于震中距较大的前向型地震纪录。前向、后向型近场地震之间、前向型近场地震不同分量之间，其方向性效应导致的差异性，使得近场地震具有较大差异性和离散性。此外，近场地震一般同时具有较大的竖向运动分量，在目前的抗震设计规范中，由于竖向分量相较于水平分量对结构物的影响明显减小，因此通常不考虑竖向地震作用的影响。即使在极端条件下，竖向地震影响系数最大值也仅仅取水平地震影响系数最大值的 65%。而已有的近场地震纪录表明，65% 的取值是偏小的，有必要通过进一步研究作出修改。

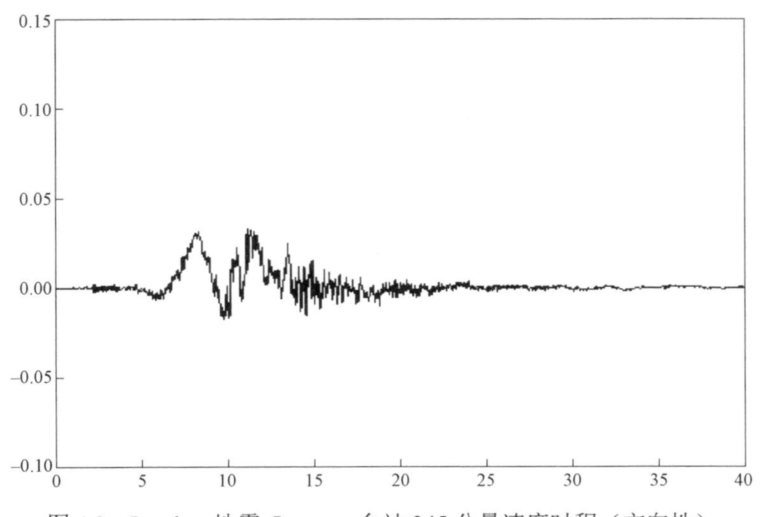

图 4.2　Landers 地震 Lucerne 台站 345 分量速度时程（方向性）

表 4.1　选取的地震纪录信息

地震名	台站	震级	震中距	PGV / PGA	脉冲周期
morgan hill	Andson Dam	6.19	3.22	0.06，0.10	0.46，0.73
	Coyote lake dam	6.19	0.18	0.07，0.06	0.73，0.83
*	Gilroy Array #6	6.19	9.85	0.05，0.13	0.74，1.16
landers	Lucerne	7.28	2.19	0.21，0.04	4.16，3.47
*	Cool water	7.28	19.74	0.09，0.10	0.54，0.71
*	Joshua tree（b-f）	7.28	11.03	0.10，0.15	1.18，1.15
Erzincan	Erzincan	6.69	0	0.17，0.13	2.04，2，12
northridge	Rinaldi	6.69	7.5	0.20，0.16	1.10，2.35
	Olive View（B-F）	6.69	6.4	0.13，0.16	0.85，1.62
	NewHall	6.69	7.1	0.13，0.17	1.28，0.70
	Sepulveda	6.69	8.9	0.11，0.08	0.78，0.83
imperial valley	array 6	6.53	1.2	0.16，0.26	2.40，3.43
	Meloland	6.53	0	0.23，0.31	2.61，2.94
	EI Centro array 4	6.53	4.9	0.08，0.22	0.90，4.01
	EI Centro array 8	6.53	3.9	0.09，0.11	1.35，3.98
*	EI Centro array 5	6.53	1.76	0.09，0.24	2.70，3.26
*	EI Centro array 7	6.53	0.6	0.14，0.24	1.06，3.29
*	EC County Center FF	6.53	7.31	0.18，0.30	1.35，3.24
Kobe	KJMA	6.9	0.6	0.10，0.13	0.89，0.80
	Takatori	6.9	1.5	0.21，0.20	1.26，1.23
	Takarazuka	6.9	1.2	0.10，0.13	1.69，0.48
*	Shin-osaka	6.9	19.14	0.16，0.13	0.67，0.71
Loma Prieta	Los Gatos	7	3.5	0.25，0.20	3.26，1.45
	Lex Dam	7	6.3	0.27，0.19	1.07，0.68
	Gilory array 3	6.93	12.23	0.07，0.12	0.48，1.96
	Gilory Historic Bldg	6.93	10.27	0.15，0.10	1.42，0.52
*	Saratoga aloha ave	6.93	7.58	0.08，0.13	1.79，3.88
*	Saratoga valley coll	6.93	8.48	0.17，0.19	1.13，1.19
*	Gilroy-Gavilan Coll	6.93	9.19	0.08，0.07	0.42，0.35

续表

地震名	台站	震级	震中距	PGV / PGA	脉冲周期
CHICHI	CHY080	7.62	2.69	0.11，0.12	0.86，0.97
	TCU087	7.62	7	0.32，0.31	3.81，4.09
Superstition hill	Parachute Test site	6.54	0.95	0.25，0.12	1.86，1.23
	EI Centro imp co cent	6.54	18.2	0.13，0.16	1.24，1.99
Tabas	Tabas（B-F）	7.35	1.79	0.12，0.15	0.86.4.87
Parkfield	cholame2	6.19	6.27	0.16	0.65
Whittier Narrows	LA-Obregon Park	5.99	4.5	0.04，0.06	0.19，0.19

注：除 cholame2，每个台站对应两个分量；脉冲周期为最大速度谱值对应的周期

本章选取的 71 条地震纪录来自 12 场地震的 36 个台站，震中距（取断裂面垂直投影至台站的最短水平距离）最大不超过 20 km，矩震级不小于 5.0。本章所选取的纪录来自参考文献［154］、［156］，已确认其地震纪录的两个分量中至少有一个包含速度脉冲。地震纪录的详细信息参见表 4.1。

4.3　典型多自由度的框架结构体系

本章中的典型钢筋混凝土平面框架结构，按 8 度设防烈度控制框架整体高度（小于 45 m），活荷载标准值按住宅、办公楼标准取 2.0 kN/m^2；考虑到普适性，不考虑场地类别及设计地震分组，水平地震影响系数取 0.2；采用底部剪力法计算水平地震作用，以现行抗震设计规范表 5.2.1 的边界值近似考虑顶部附加地震作用系数；不考虑风荷载，只考虑恒载、活荷载及地震作用的组合；其他结构构件设计按我国现行设计规范的要求进行。三个典型钢筋混凝土结构的尺寸配筋参见表 4.2，涉及的部分模型参数见表 4.3。

表 4.2a　五层混凝土结构尺寸与配筋

层数	左柱	右柱	梁	简图
1	500 × 500 1885	500 × 500 1885	500 × 250 1256	4 200；3 300×4；3 600
2	500 × 500 1256	500 × 500 1256	500 × 250 1256	
3	450 × 450 1018	450 × 450 1018	450 × 200 1018	
4	450 × 450 1018	450 × 450 1018	450 × 200 804	
5	400 × 400 1018	400 × 400 1018	400 × 200 402	
注：梁柱均为 C20，二级钢筋				

表 4.2b　十层混凝土结构尺寸与配筋

层数	边柱	中柱	梁	简图
1	700 × 700 9817	750 × 750 7854	750 × 400 5890	6 600；6 600；3 900×9；4 800
2	700 × 700 6872	750 × 750 6872	750 × 400 5890	
3	700 × 700 5890	750 × 750 5890	700 × 350 5400	
4	700 × 700 4909	750 × 750 4909	700 × 350 5400	
5	650 × 650 4909	700 × 700 4909	700 × 300 4909	
6	650 × 650 3927	700 × 700 3927	700 × 300 4418	
7	650 × 650 3927	700 × 700 3927	650 × 300 3927	
8	550 × 550 3927	650 × 650 3927	650 × 300 3436	
9	550 × 550 3927	650 × 650 3927	600 × 300 2949	
10	550 × 550 3927	650 × 650 3927	600 × 300 2949	
注：柱 C30，梁 1～4 层为 C25，其余为 C20，二级钢筋				

表 4.2c　十层混凝土结构尺寸与配筋

层数	柱 1	柱 2	柱 3	柱 4
	梁 1	梁 2	梁 3	梁 4
1	600 × 600 9817	600 × 600 6872	650 × 650 7854	650 × 650 7854
	700 × 350 5400	700 × 350 4909	700 × 350 5400	700 × 350 4909

续表

层数	柱 1	柱 2	柱 3	柱 4
	梁 1	梁 2	梁 3	梁 4
2	550 × 550 6872	550 × 550 6872	600 × 600 7854	600 × 600 7854
	700 × 350 5400	700 × 350 4909	700 × 350 5400	700 × 350 4909
3	550 × 550 6872	550 × 550 6872	600 × 600 7363	600 × 600 7363
	700 × 350 5400	700 × 300 4418	700 × 300 4909	700 × 300 4909
4	550 × 550 5890	550 × 550 6872	550 × 550 6872	550 × 550 6872
	700 × 300 4909	700 × 300 3927	700 × 300 4418	700 × 300 4418
5	500 × 500 4909	500 × 500 5890	550 × 550 6872	550 × 550 6872
	650 × 300 4418	650 × 300 3927	650 × 300 3927	650 × 300 3927
6	500 × 500 3927	500 × 500 5890	500 × 500 5890	500 × 500 5890
	600 × 300 3927	600 × 300 3436	600 × 300 3436	600 × 300 3436
7	450 × 450 2949	450 × 450 4909	500 × 500 4909	500 × 500 4909
	550 × 250 2949	550 × 250 2949	550 × 250 2949	550 × 250 2949
8	450 × 450 2949	450 × 450 3927	450 × 450 3927	450 × 450 3927
	500 × 250 1964	500 × 250 1964	500 × 250 1964	500 × 250 1964
简图	注：梁 C25，柱 1~2 层 C30，其余 C25，二级钢筋			

本章采用 IDARC 程序对三个典型钢筋混凝土平面框架结构进行非线性的增量动力时程分析（IDA），以获取不同地震强度下对应的结构响应。由于最大层间转角可以较好地反映梁柱及连接处的最大转角需求、抵抗

P-Δ效应下的失稳和倒塌性能，以及高阶模态对结构的影响，因此本章以最大层间位移角作为拟合对象。

IDARC 程序采用宏观杆系模型，将钢筋混凝土框架结构离散为梁柱单元构成的具有集中质量的 MDOF 体系进行分析。框架结构的质量集中于梁柱相交的节点处，考虑平面内的水平位移、竖向位移及转角位移；出于简化分析的考虑，本章中的梁柱单元均不考虑剪切变形及其相应的滞回关系；对于柱单元，只考虑固定轴力下的弯矩-曲率关系而不考虑轴力时程变化带来的影响。用于动力时程分析的 MODF 体系中的杆件单元，其力-变形关系的描述包括单调加载下的三线性骨架（包络）曲线和往复循环荷载下的滞回规则两个方面：根据构件的混凝土、钢筋应力-应变关系以及构件截面信息，程序采用纤维模型，通过分析得到以三折线模型描述的单元构件的弯矩-曲率关系曲线（见图 4.3），曲线参数包括两个方向的开裂弯矩及曲率、两个方向的屈服弯矩及曲率、屈服后刚度与弹性刚度的比率、两个方向的极限曲率；利用线性柔度分布假设以及反弯点的不同情况，构件单元的弯矩-转角的增量关系可以通过对相应的弯矩-曲率关系积分建立，软件直接利用这些积分的解析表达，构成最终的单元刚度矩阵。

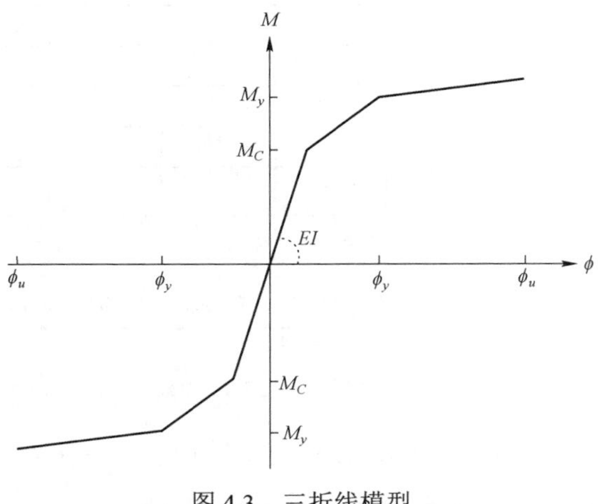

图 4.3　三折线模型

表 4.3　三个典型框架结构的主要模型参数

层数×跨数	总高度/m	周期 T_1 / T_2	刚度退化系数 α	强度退化系数 β_1 β_2	捏缩参数 γ
5×1	16.8	0.54/0.19	梁 200/15 柱 15/10	梁 0.01，0.01/0.15，0.08 柱 0.15，0.08/0.30，0.15	梁 1.0/0.4 柱 0.4/0.25
10×2	39.9	1.05/0.39			
8×7	41.1	1.25/0.49			

注：表格中最后三列数据为结构分析程序 IDARC 的设置参数，分两组情况加以考虑

软件结合三线性模型以及三个主要控制参数，获得不同的刚度退化、强度退化以及捏缩特性的滞回曲线。刚度退化出现在反向循环加载过程中，较小延性条件下刚度退化不明显，实验证据表明刚度退化可以表达为当前延性的函数，在软件中采用参数 α 控制，将所有的卸载路径都指向一个相同的力-位移坐标点实现刚度退化模型；强度退化则采用两个控制参数，即基于延性的衰减参数 β_1 或基于耗散滞回能衰减参数 β_2，实现对强度的衰减建模，该二参数控制每次超过前次最大变形的反复荷载下的强度降低量；捏缩是钢筋混凝土构件在反复荷载作用下，由于较大剪力的出现，或者裂缝张开及闭合、钢筋的滑移等因素而产生的典型行为，在软件中用一参数 γ 控制，通过降低过零点力轴线上的加载路径力实现建模。由于轴力的作用，柱单元的刚度退化、强度退化及捏缩特性可能较梁单元严重，因此本章的 MODF 体系，考虑两种情况下的滞回特性：其一是柱单元具有轻微的刚度退化、强度退化及捏缩行为，梁单元忽略刚度-强度退化及捏缩行为；其二是柱单元具有中等程度的刚度-强度退化及捏缩行为，梁单元则具有轻微的刚度、强度退化及捏缩行为。由于相对层间位移及重力作用而产生的附加倾覆弯矩，即 P-Δ效应，一般通过计算垂直构件的轴向力并对单元刚度矩阵附加一个几何刚度矩阵加以考虑。在 IDARC 程序中，P-Δ效应由一个等效的侧向力代表，其幅值等价于由 P-Δ效应产生的附加倾覆弯矩。

4.4 现有地震强度指标

1. Housner 谱强度指标：Housner 的研究认为，弹性结构地震响应的最大应变能与拟速度谱值的平方成正比，拟速度谱值客观反映了地震强度的大小，由此定义地震强度指标为拟速度谱曲线在 0.1～2.5 s 之间所围成的面积

$$S_I(\zeta)=\int_{0.1}^{2.5} S_v(\zeta,T)\,\mathrm{d}T \tag{4.1}$$

式中，ζ 为结构阻尼比，S_v 为拟速度谱。

2. Arias 强度指标：该强度标定义为地面运动加速度 $\ddot{x}_g(t)$ 平方的积分

$$I_A(\zeta)=\frac{\cos^{-1}\zeta}{g\sqrt{1-\zeta^2}}\int_0^{t_f} x_g^2(t)\,\mathrm{d}t \tag{4.2}$$

式中，ζ 为结构阻尼比，g 为重力加速度，t_f 为地震总持时。根据 Arias 强度指标，Trifunac 和 Brady 定义地震的有效持续时间为

$$t_D=t_{95}-t_5 \tag{4.3}$$

t_{95} 与 t_5 为按式（4.2）计算得到的 Arias 强度值分布达到 95%与 5%时对应的时刻，式（4.3）是目前最广泛使用的地震持时定义。

3. 地震势能强度指标：结构的地震响应与地震波总输入能量在时间域上的平均值相关，而地震总输入能量与地震加速度平方成正比，结合式（4.3）定义的地震有效持时，Housner 定义如下形式的地震强度指标

$$P_a=\frac{1}{t_D}\int_{t_5}^{t_{95}} x_g^2(t)\,\mathrm{d}t \tag{4.4}$$

进一步对式（4.4）做开平方处理，得到同源的新强度指标：$a_{rms}=\sqrt{P_a}$ 。式（4.4）中的地震加速度项可以推广到速度和位移，得到两个新强度指标，

即平均速度平方指标和平均位移平方指标。

4. Park-Ang 指标：Park 和 Ang 提出的表征地震动强度对结构损伤指标之间关系的量，称为“特征强度”，其定义为

$$I_c = a_{rms}^{1.5} t_D^{0.5} \tag{4.5}$$

5. 第一周期谱加速度指标：$S_a(T_1)$ 是目前抗震结构工程领域运用得最为广泛的地震强度指标。相对于仅仅从地震纪录本身归纳出的地震强度指标，$S_a(T_1)$ 与结构第一周期相关，可以较好地反应结构在地震下的动力响应状况。然而进一步的研究表明，该指标对于受高阶振型影响较大的长周期结构的适用性较差，在近场地震作用下其有效性和充分性似乎也不甚理想。

6. 考虑前二阶振型的 Luco-Cornell 转角强度指标：Luco 和 Cornell 的研究认为，在近场地震作用下，长周期结构的地震响应受高阶振型的影响较大，单一的第一周期谱加速度指标不足以有效充分地反映此时结构的地震响应。由此提出改进的地震强度指标，在第一周期谱加速度的基础上，综合考虑结构前两阶振型的影响。由集中质量的串模型，定义第 i 层层间转角 θ_i 的第 j 阶振型参与系数为

$$PF_j(\theta_i) = \Gamma_j \frac{\phi_{j,i} - \phi_{j,i-1}}{h_i}$$

式中，$\phi_{j,i}$ 为第 j 振型中对应于第 i 层的分量，h_i 为第 i 层层高，Γ_j 为第 j 阶振型的参与系数。第 i 层层间转角 θ_i 的估计值定义为前两阶振型的 SRSS 组合

$$\theta_i^{[2]} = \sqrt{[PF_1(\theta_i) \bullet S_d(T_1)]^2 + [PF_2(\theta_i) \bullet S_d(T_2)]^2} \tag{4.6}$$

式中，$S_d(T_j)$ 为第 $j\,(=1, 2)$ 阶模态的单自由度体系的谱位移值。通过计算每一层的层间转角估计值 θ_i，确定其中的最大值 $\theta_{\max}$，该值即为所定义的转角强度指标，即 $\mathrm{IM}_{1E\&2E} = \underset{i}{\mathrm{MAX}}(\theta_i^2)$。

7. 非弹性谱位移值指标：即延性需求谱值，该指标是将结构通过静力推覆分析（PUSHOVER）得到的基地剪力-顶点位移曲线转化为非线性单

自由度体系的力-变形曲线，然后对该单自由度体系进行非线性动力时程分析得到的最大位移响应值。非弹性谱位移值指标综合利用了由静力推覆得到的结构信息，并考虑了结构响应的非线性过程，该指标可以很好地运用于估计结构在地震作用下的响应，在基于性能的结构抗震设计与评估中得到了较为广泛的应用。非弹性谱位移值主要根据两个参数确定，结构的屈服强度与地震强度某种比值，如较为广泛使用的屈服水平系数 $\eta=\dfrac{F_{\mathrm{y}}}{m\cdot \mathrm{PGA}}$，强度折减系数 $R=\dfrac{S_a}{F_{\mathrm{y}}}$ 及非线性单自由度体系的等效周期 T_n。非弹性谱位移值指标的局限性在于，由静力推覆分析得到简化非线性单自由度体系与原结构体系的等效性是基于结构的地震响应是以结构的某阶振型所控制的假设，当这种假设与实际相背离时，如地震激发的高阶振型的影响使得静力推覆的结果与实际结构地震反应具有较大不同时，非弹性谱位移值指标将偏离与结构响应相联系的“实际”地震强度。

8. 改进的 Luco-Cornell 转角强度指标：为了同时考虑结构高阶振型和非线性的影响，Luco 和 Cornell 在转角强度指标的基础上加以改进，如下所示，

$$\mathrm{IM}_{1I\&2E}=\frac{S_d^I(T_1,\eta)}{S_d(T_1)}\mathrm{IM}_{1E\&2E} \tag{4.7}$$

9. Baker-Cornell 的面向近场地震的向量指标 $S_a(T_1)$ 和 $R_{T1,T2}$：考虑到在近场地震作用下，速度脉冲周期 T_{p} 是影响结构响应的重要参数，而第一周期谱加速度 $S_a(T_1)$ 缺乏对参数 T_p 的充分性，由此 Baker 和 Cornell 提出将参数 $S_a(T_1)$ 和参数 $R_{T1,T2}=S_a(T_2)/S_a(T_1)$ 的组合作为地震强度向量化指标：其中参数 $R_{T1,T2}$ 是一个表征加速度谱形状的量，T_2 一般取 2 倍的弹性第一周期值以考虑结构的非线性响应。研究表明，该向量指标对于以速度脉冲周期 T_{P} 描述的近场地震比单一的 $S_a(T_1)$ 更具有充分性，且不失对于普通地震的有效性。

除了以上给出的具有代表性的强度指标外，还有很多学者提出了其他

地震动强度指标，如以 Arias 指标为基础的 A_{95} 指标、Fajfar 指标、有效设计加速度指标、向量型地震强度指标 $S_a(T_1)$ 和 ε 的组合等，考虑到与上述的九种指标相比，这些指标并不具备明显的代表性和优势，本章不再赘述。

4.5　模糊值化强度指标

在强震的作用下，结构响应将同时受到高阶振型和非线性的影响。已有的研究表明，对于归一化到具有相同第一周期谱加速度值 $S_a(T_1)$ 的地震纪录，当速度脉冲周期 T_p 两、三倍于结构第一周期 T_1 时，结构响应相对于那些具有较短速度脉冲周期的地震纪录会有所增大，这可能是由于较大的地震力使得结构进入非线性，相当于延长了结构“有效”的第一周期，此时以弹性第一周期谱加速度值 $S_a(T_1)$ 描述的地震强度可能过小估计了实际结构响应；而对于速度脉冲周期 T_p 小于第一周期的地震纪录，最大层间转角大多发生在上部结构，这意味着结构响应将主要受到高阶振型的影响。

基于以上两点的认识，以单一值描述的结构第一周期似乎不足以描述结构在遭遇强震作用下完整的力学响应特征，因此本章采用模糊值描述结构周期。这种模糊值化的结构周期描述了结构周期的可能性分布：如结构周期模糊集的 0-截集代表了所有“有可能”的结构周期值区间；而特征周期模糊集的 1-截集代表了“最有可能”的结构周期值。本章中的结构周期模糊集 $\tilde{T}_1$，其 1-截集取为结构弹性第一周期值 T_1，为单一值，代表了“最有可能”的结构周期值；0-截集的上限取由结构第一阶振型下静力推覆分析得到的最大等效周期 T_n，下限取结构弹性第二周期值 T_2，它代表结构在遭遇地震作用下所有“有可能”的周期取值区间；模糊集的其他支集的隶属度函数由连接 0、1 截集的直线线性确定，它们代表了从“有可能”过渡到“最有可能”的结构周期。不失一般性，本章中涉及的模糊参数值，隶属度均由连接 0、1 截集的直线线性确定。本章中，模糊值表示为[lower, ker, upper]，其中[lower, upper]为 0-截集构成的区间，ker 为核集即 1-截集点值：如图 4.4 所示的八层结构模糊周期为[0.49,1.25,1.54]，它表示结构“最有可能”的周期为 1.25 秒，所有“有可能”的周期取值区间为[0.49,1.54]；此外，五层结构模糊周期 $\tilde{T}_1$ 为[0.19,0.54,0.97]，十层为[0.39,1.05,1.43]。结构特征周期的模糊化是计算结构响应可能性分布，即模糊值化的结构响应的前提。

根据模糊值化的结构周期，可以计算出相应单自由度体系的模糊值化谱响应值。本章中此处采用的谱响应值，取为谱速度平方值即 $S_V^2(T_1)$，这个指标可以看作是单自由度体系吸收地震能量所能达到的最大值的某种度量。由分解定理可知，模糊集可以看做其上所有截集的并集，即模糊化的周期值可以分解为不同截集水平 λ 下的普通集；而由模糊扩张原理可知，模糊集在普通集合映射关系（即一个模糊变换）下所形成像集的强截集，等于该模糊集强截集在该映射关系下形成的像集，即通过计算模糊周期值某截集水平下所有的谱响应值即得到该模糊化谱响应值在此截集水平上构成的普通集。在本章中，模糊周期 $\tilde{T}_1$ 的截集是一个区间，考虑谱响应值的连续性，对应的谱响应值也构成一个区间，因此在实际计算中，可以将模糊周期离散为若干个不同截集水平 λ 对应的周期区间，分别计算这些周期区间所对应的谱响应值的上下限，这些谱响应值的上下限所构成的区间，即为相应的若干个不同截集水平 λ 对应的谱响应模糊值的截集。图 4.4（a）所示为模糊周期对应的谱响应模糊值 $S_V^2(\tilde{T}_1)$。

模糊值化的谱响应值反映了弹性反应谱在结构第一周期邻域内的频谱特性，界定了结构响应的可能性分布。在本章中，通过对 $S_V^2(\tilde{T}_1)$ 反模糊化得到模糊代表值 $S_V^2(\tilde{T}_1)^{REP}$，以此作为单一值化的新地震强度指标 IM。其

中反模糊化采用对模糊隶属度函数曲线取重心的方式加以计算（图 4.4b 反模糊值为 6.139 9）。

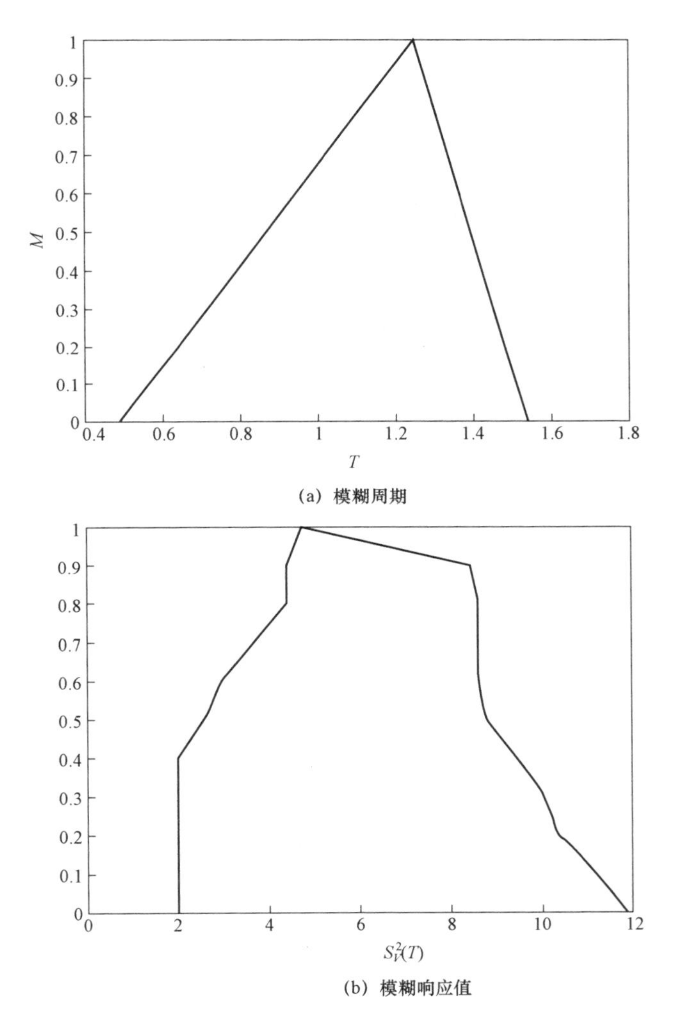

(a) 模糊周期

(b) 模糊响应值

图 4.4　模糊周期与模糊响应值（台站 TUC087-E）

4.5.1　新强度指标对近场地震的充分性

本章所考虑的近场地震的特征是指其速度脉冲特性，方向性效应、竖向运动分量特性不予考虑。速度脉冲特性的参数化，可以表示为地震纪录的峰值地面速度与加速度比值 PGV/PGA，或者地震纪录的脉冲周期T_{p}。考察新强度指标 $S_V^2(\tilde{T}_1)^{REP}$ 对近场地震的充分性，主要是分析新强度指标下结构响应预测值误差与考虑速度脉冲特性二参数（即 PGV/PGA、T_{p}）时预测值误差之间的差异性，两个模型下预测误差值的差异性越小，说明新强度指标对于脉冲特性的表达越充分，反之，则说明强度指标不具备对近场地震特征的充分性描述。

在本章中，采用双参数线性回归模型描述地震强度指标 IM 与结构地震响应最大层间位移比$\theta_{\max}$之间的关系，即：

$$\lg(\theta_{\max} \mid \mathrm{IM}) = a\lg(\mathrm{IM}) + b \tag{4.8}$$

设真实值与预测式（4.8）之间的误差ε_1；在给定地震强度指标 IM 以及速度脉冲参数，PGV/PGA 或者T_{p}的条件下，结构响应的预测公式为：

$$\lg(\theta_{\max} \mid \mathrm{IM}, T_{\mathrm{p}}) = a'\lg(\mathrm{IM}) + b'\lg(T_{\mathrm{p}}) + c \tag{4.9}$$

$$\lg(\theta_{\max} \mid \mathrm{IM}, \mathrm{PGV}/\mathrm{PGA}) = a'\lg(\mathrm{IM}) + b'\lg(\mathrm{PGV}/\mathrm{PGA}) + c \tag{4.10}$$

设真实值与预测式（4.9）或式（4.10）之间的误差ε_2。当两个模型预测误差ε_1与ε_2的差异性不显著时，说明预测式（4.8）已经足以描述地震强度与结构响应之间的关系，地震强度指标 IM 相对于速度脉冲特性参数是充分的。两组误差的差异性，可以通过 F 统计检验的方式实现，设统计显著性水平为 0.01：考虑式（4.9）速度脉冲参数为脉冲周期T_p的条件下，第一组五、十、八层结构的 P 值分别为 0.49、0.50、0.07，第二组三种结构的 P 值分别为 0.49、0.50、0.14；式（4.10）速度脉冲参数为峰值地面速度与加速度比值 PGV/PGA 时，第一组三种结构的 P 值分别为 0.32、0.50、0.06，第二组三种结构的 P 值分别为 0.42、0.49、0.15，P 值均大于显著性水平 0.01，显然，式（4.9）或式（4.10）都并未带来统计意义上的预测精度的

显著提高，可以认为新强度指标对于脉冲特性的表达是充分的。

考察新强度指标 IM_F 对近场地震的充分性，还可以较为直观地通过与其他地震强度指标下的预测误差离散程度的对比加以考察。图 4.5 给出了第一组 8、10 层结构在新地震强度指标、向量指标（$S_a(T_1)$ 和 $R_{T1,T2}$）条件下预测值误差与地震纪录的脉冲周期 T_p 的关系，图中曲线为预测误差的滑动平均值连线随脉冲周期值的变化。由图中可以看出，对于 8 层和 10 层中长周期结构，除了周期坐标轴右端的部分范围外，新地震强度指标的平均

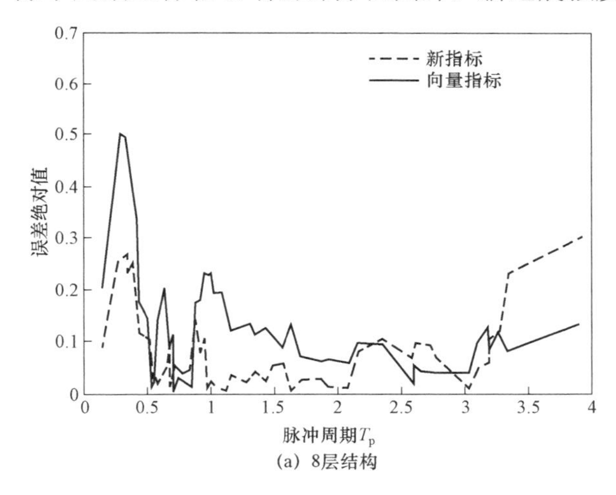

(a) 8层结构

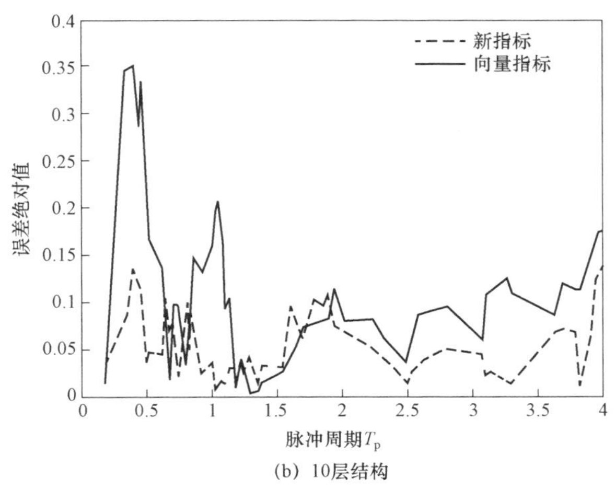

(b) 10层结构

图 4.5　脉冲周期 T_P VS 误差绝对值（第一组）

误差线大部分为向量指标的平均误差线所包络，可以认为其相较于向量指标减少了预测误差值，通过 F 统计检验也可以发现新指标的预测误差离散性显著小于向量指标；而对于五层短周期结构，则不存在这种关系，事实上，对于五层短周期结构新强度指标的预测误差离散性显著大于向量指标，预示着该新指标可能并不适合短周期结构。第二组结构也有类似结果。

4.5.2 各指标有效性比较

各类地震强度指标有效性的比较，一个比较简单的方式是比较各自强度指标下的结构响应预测误差值，通过 F 检验两两比较各类强度指标的预测误差是否存在显著差异。此外，也可以根据结构响应值与地震强度指标之间的线性相关性来评价强度指标的有效性，相关性的度量可由结构响应值与地震强度指标之间的 Pearson 乘积矩相关系数所确定，相关系数越大，则强度指标对结构响应值的预测越有效。图 4.6～图 4.8 为第一组三种结构最大层间转角与地震强度指标的拟合曲线，各自的离散差与相关系数列于右侧。

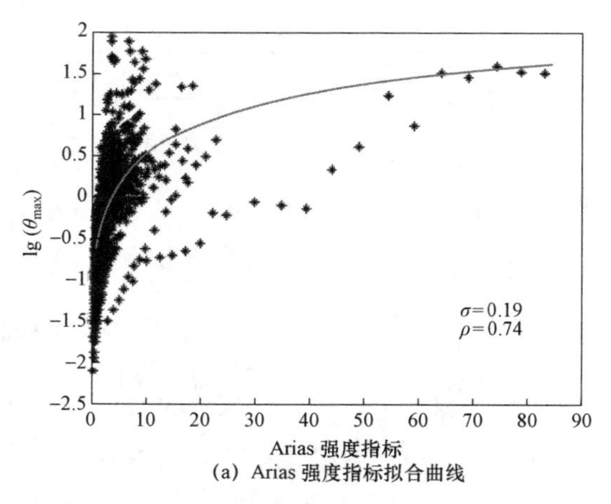

(a) Arias 强度指标拟合曲线

图 4.6　第一组五层结构各强度指标拟合曲线

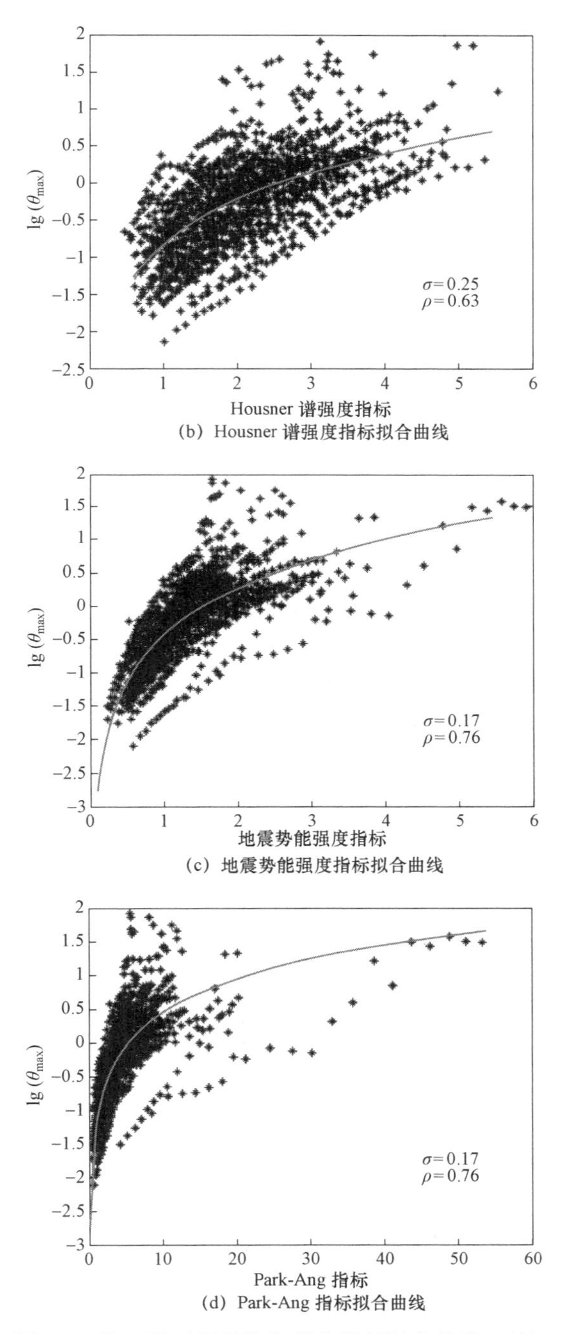

图 4.6　第一组五层结构各强度指标拟合曲线（续）

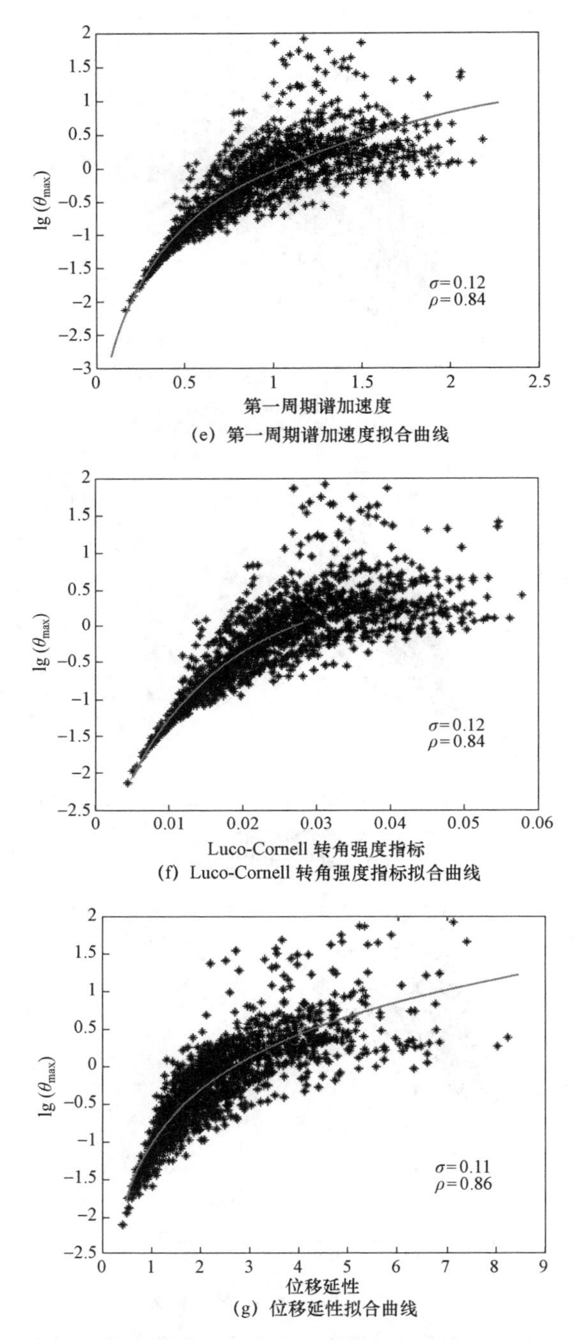

图 4.6　第一组五层结构各强度指标拟合曲线（续）

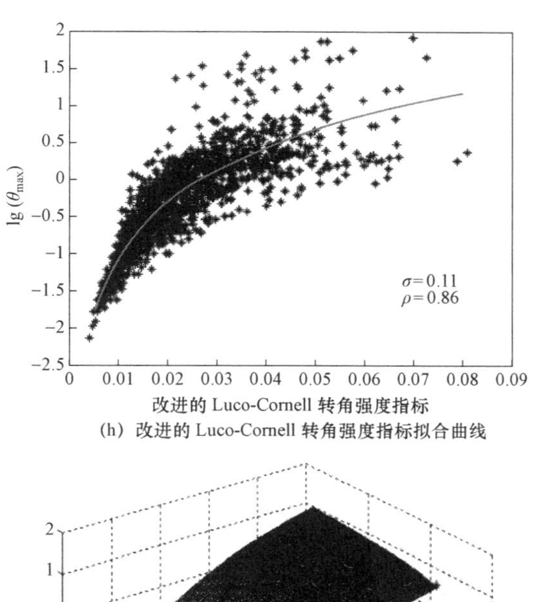

(h) 改进的 Luco-Cornell 转角强度指标拟合曲线

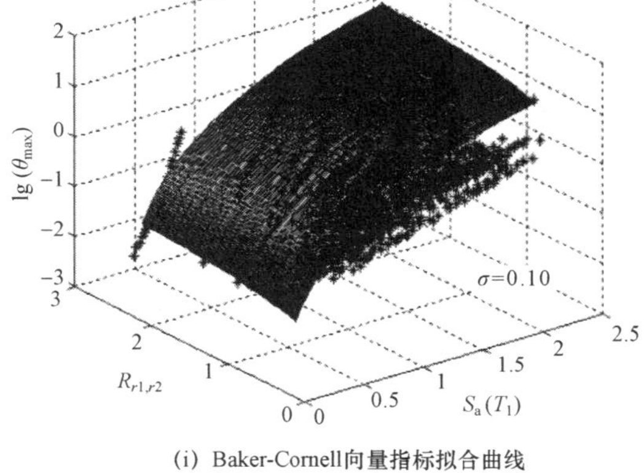

(i) Baker-Cornell向量指标拟合曲线

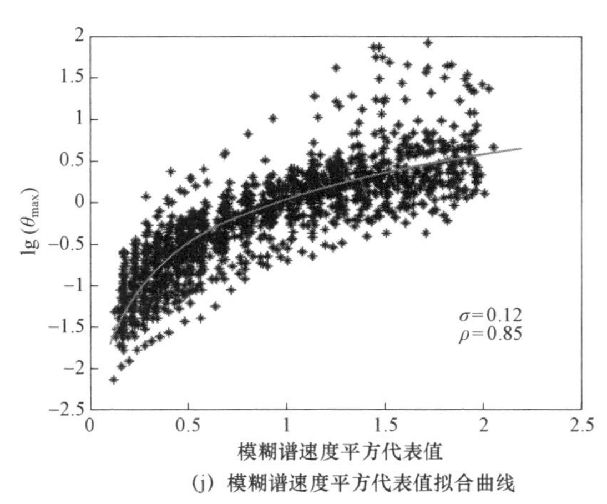

(j) 模糊谱速度平方代表值拟合曲线

图 4.6　第一组五层结构各强度指标拟合曲线（续）

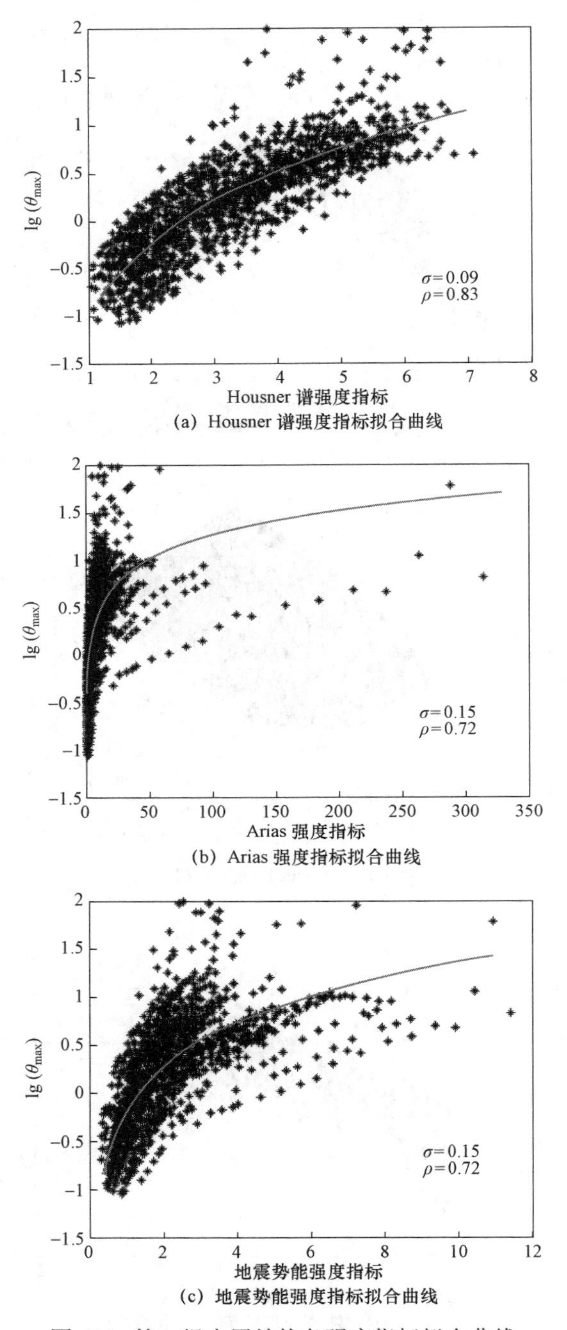

(a) Housner 谱强度指标拟合曲线

(b) Arias 强度指标拟合曲线

(c) 地震势能强度指标拟合曲线

图 4.7 第一组十层结构各强度指标拟合曲线

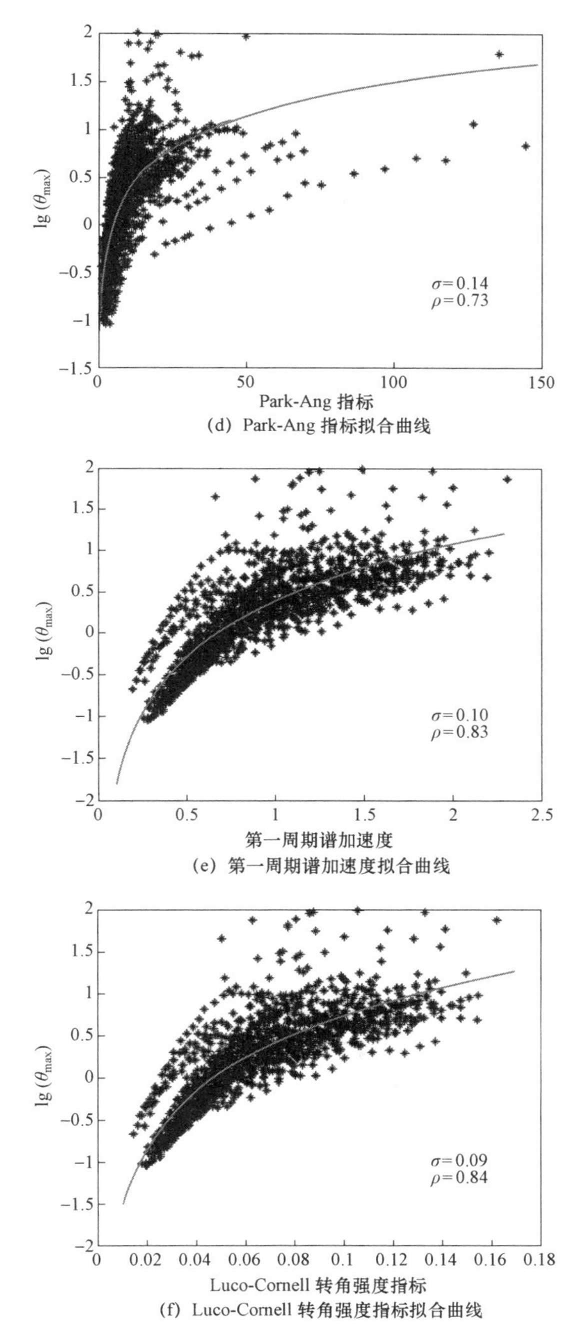

图 4.7　第一组十层结构各强度指标拟合曲线（续）

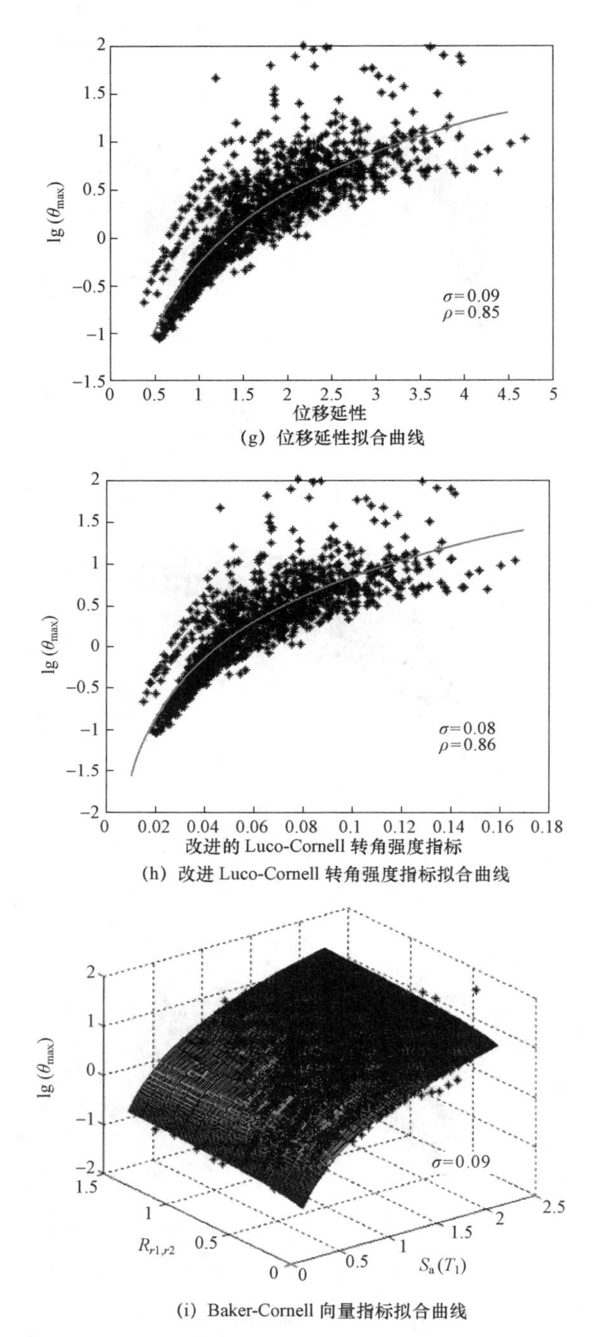

图 4.7　第一组十层结构各强度指标拟合曲线（续）

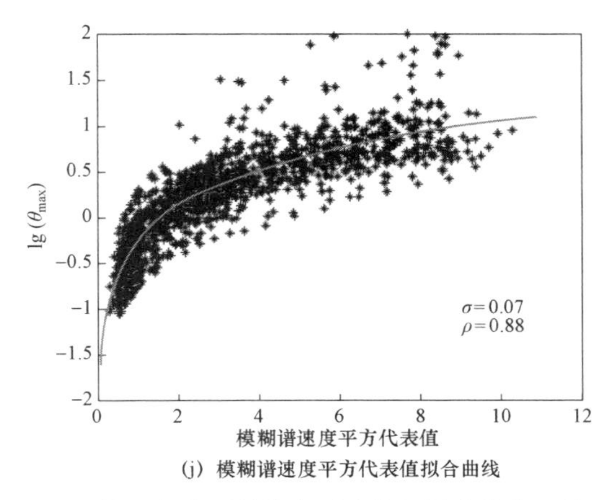

(j) 模糊谱速度平方代表值拟合曲线

图 4.7　第一组十层结构各强度指标拟合曲线（续）

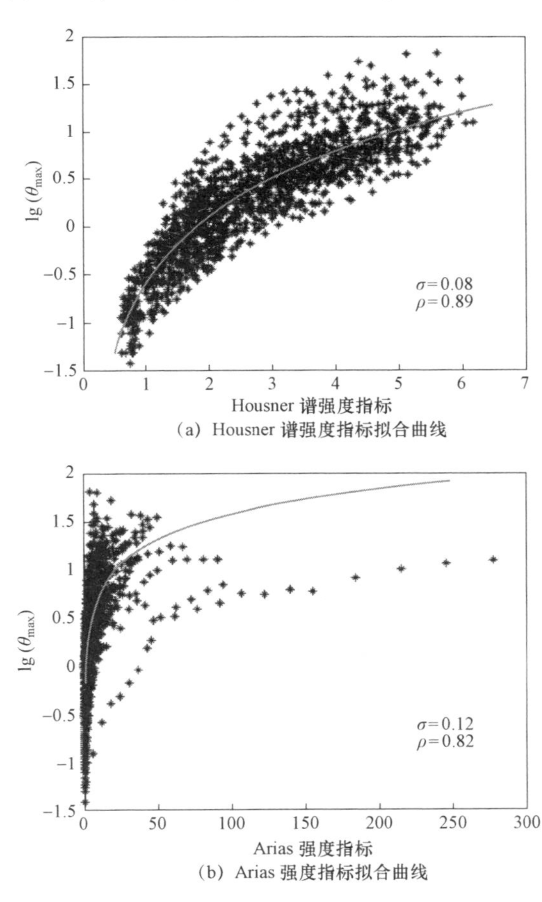

(a) Housner 谱强度指标拟合曲线

(b) Arias 强度指标拟合曲线

图 4.8　第一组八层结构各强度指标拟合曲线

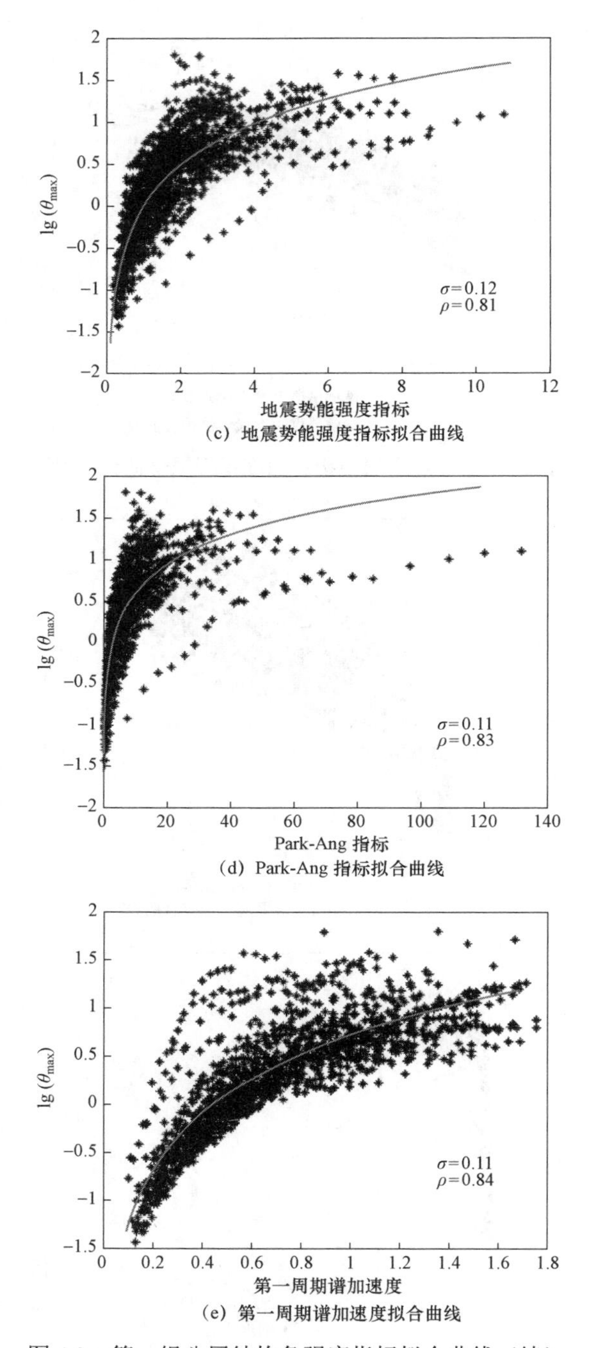

(c) 地震势能强度指标拟合曲线

(d) Park-Ang 指标拟合曲线

(e) 第一周期谱加速度拟合曲线

图 4.8　第一组八层结构各强度指标拟合曲线（续）

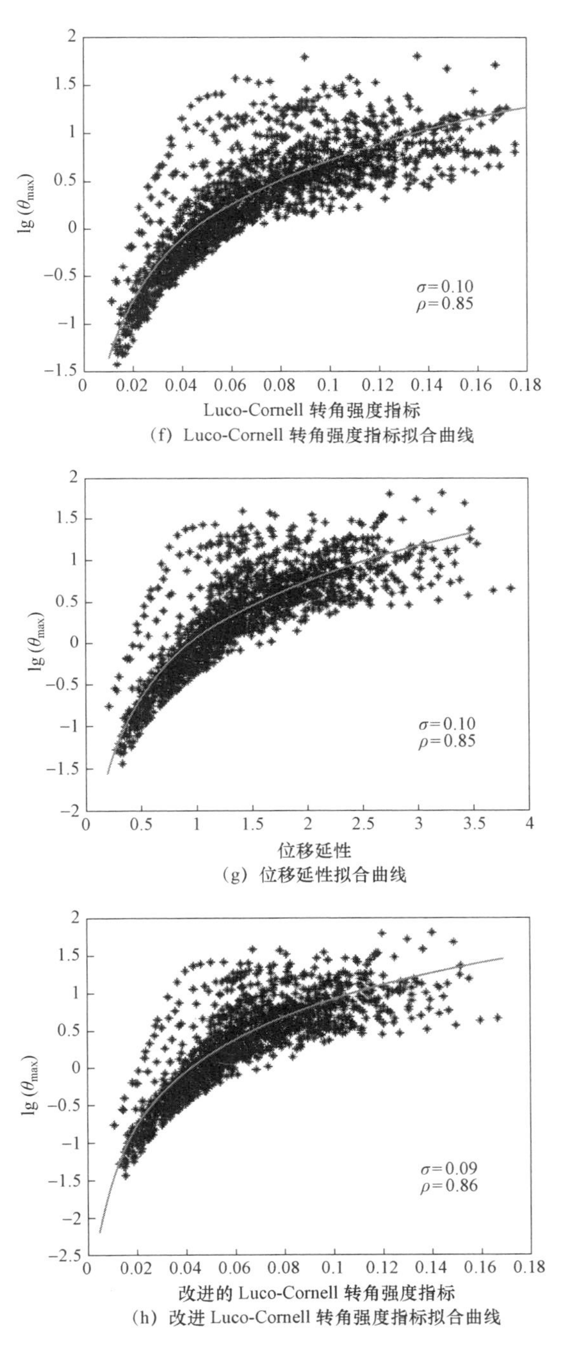

（f）Luco-Cornell 转角强度指标拟合曲线

（g）位移延性拟合曲线

（h）改进 Luco-Cornell 转角强度指标拟合曲线

图 4.8　第一组八层结构各强度指标拟合曲线（续）

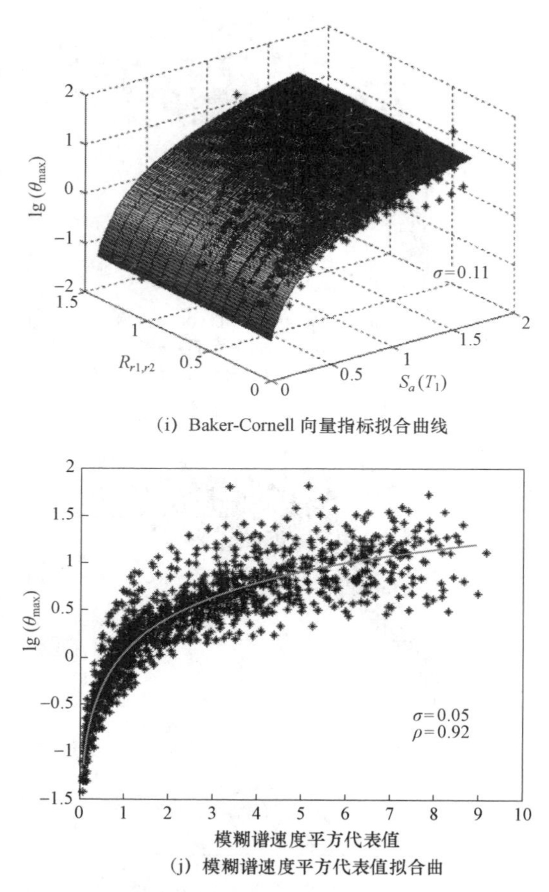

(i) Baker-Cornell 向量指标拟合曲线

(j) 模糊谱速度平方代表值拟合曲

图 4.8　第一组八层结构各强度指标拟合曲线（续）

本章中涉及的地震强度指标，大致可以分为三种类型：第一类是与具体结构特性无关，只涉及地震纪录本身特征的强度指标，如 Arias 强度指标、地震势能强度指标以及 Park-Ang 指标，此外，Housner 谱强度指标虽然涉及弹性反应谱值，但由于其谱周期的选择是固定的，与具体结构无关，因此仍认为该指标属于第一类；第二类考虑了具体结构的线弹性力学特征，主要是各类弹性谱以及这些弹性谱的某种变形形式，如第一周期谱加速度指标、考虑前二阶振型的 Luco-Cornell 转角强度指标，严格

来说，Baker-Cornell 的面向近场地震的向量指标 $S_a(T_1)$ 和 $R_{T1,T2}$、本章所提出的强度指标也属于该类型；这类指标的共同特征是其大小与地震纪录的幅值呈线性关系，主要反映了地震纪录的频谱特性；第三类考虑了结构进入非线性后的力学特征，主要是利用了结构 PUSHOVER 推覆分析并结合了单自由度非线性时程分析的结果，包括非弹性谱位移值指标、改进的 Luco-Cornell 转角强度指标，由于涉及非线性，这类指标的大小与地震纪录幅值不再呈线性关系。

相关性分析与 F 检验的结果表明，三类强度指标中有效性最差的是第一类，原因可能是由于该类指标不涉及具体结构的力学特征，因此无法反映相同地震作用下不同频谱成分对结构作用影响的差异性，从而造成预测结果离散性较大。从图中可以看出，Arias 强度指标、地震势能强度指标以及 Park-Ang 指标的预测误差离散性普遍较大而相关系数则普遍较小；只有 Housner 谱强度指标对中长周期的八、十层结构表现出较好的拟合性能，其可能的原因是，这些结构的“有效”周期恰好纳入了该指标的计算周期取值范围内。

第二类指标和第三类指标的差异性总体说来比较小：对于八、十层的中长周期结构，第三类指标预测误差的离散性（方差值）虽然比第二类指标预测误差的离散性小且相关性高，但它并不具备统计意义上的显著性，这说明第二类强度指标在大多数情况下，相较于第三类强度指标并不失其有效性。特别地，本章所提出的模糊谱速度平方代表值的新强度指标，对于八层、十层的中长周期结构，有效性比第三类指标有了非常显著的提高；但对于五层短周期结构则不如第三类指标有效，事实上此时的新强度指标趋同于一般的单值化第二类指标（与第一周期谱加速度、Luco-Cornell 转角强度指标相比，预测误差离散性并没有显著减少）；考察三种不同周期结构下模糊谱速度平方代表值的有效性，似乎结构周期越长，其有效性表现得越好。

4.6 模糊延性反应谱指标

模糊化的弹性反应谱指标由于考虑了谱值邻域范围内的变化，因此比单值指标更具结构响应预测的准确性，以下将该思路拓展到延性谱上，通过建立模糊延性反应谱指标以达到提高预测精度的目的。

考虑经典的延性反应谱值计算，主要由以下几步构成。

1. 确定推覆分析的加载模式，如倒三角加载模式等，模态静力推覆则需要计算结构弹性模态；

2. 根据加载模式将结构推至破坏，记录下加载力及结构响应，形成基底剪力-顶点位移（$V_{bn}-U_{rn}$）曲线；

3. 将基底剪力-顶点位移（$V_{bn}-U_{rn}$）曲线理想化为双曲线，确定名义屈服位移、屈服强度以及屈服后刚度，存在屈服后负刚度的则按完全弹塑性考虑；

4. 将理想化的双曲线转化为单自由度体系的力-位移曲线，按以下公式计算单自由度的屈服位移、屈服力

$$F_{ny}=\frac{V_{bn}}{\Gamma_n L_n},\quad D_{ny}=\frac{u_{rny}}{\Gamma_n \phi_{rn}} \tag{4.11}$$

式中，$\Gamma_n=\dfrac{L_n}{\phi_n^T M\phi_n}$，$L_n=\phi_n^T M1$，$\phi_{rn}$为位移模式$\phi_n$的顶点值。根据单自由度的屈服位移和屈服力计算相应的单自由度体系的周期$T=2\pi\sqrt{\dfrac{D_{ny}}{F_{ny}}}$；

5. 通过单自由度非线性时程分析计算该单自由度体系的峰值位移D_n，由此，结构实际的顶点位移峰值为$u_{rn}=\Gamma_n\phi_{rn}D_n$。

在运用静力推覆分析计算延性谱值时，假设结构地震响应由某个形状向量ϕ所控制，并且在整个地震反应过程中此形状向量保持不变（自适应

加载模式下此假设不成立）。在模态静力推覆分析中，该形状向量ϕ取结构振型，由于特征方程的成立，即在形状向量取为振型时，采用某振型为力加载模式（以下简称力模式）会引起相同的结构位移响应模式，所以在模态静力推覆中，位移模式和加载力模式都取统一的振型是合理的。当加载模式推广到一般化的形状向量时，这个合理性基础就不复存在，更一般的情况是，在静力推覆过程中，在达到基底剪力-顶点位移曲线的名义屈服点以前，部分构件已经进入非线性状态，因此，本章认为，力模式和位移模式是两组不同的形状向量，其中加载力模式控制着位移模式。设加载力模式ϕ_F，通过静力推覆分析，可以得到结构各层的位移响应，取顶点位移达到名义屈服点u_{rny}以前的各层位移平均值作为结构位移模式ϕ_W，则结构各层位移时程可表示为顶点位移与位移模式的乘积$\phi_W q$，动力学方程简化为

$$M\phi_w\ddot{q}+C\phi_w\dot{q}+F=-M1\ddot{X}_g \tag{4.12}$$

左乘加载力模式向量ϕ_F^T得到

$$\phi_F^T M\phi_w\ddot{q}+\phi_F^T C\phi_w\dot{q}+\phi_F^T F=-\phi_F^T M1\ddot{X}_g \tag{4.13}$$

方程左右除以位移-加载力模式质量$M_{WF}^*=\phi_F^T M\phi_W$，得到下式

$$\ddot{q}+\frac{\phi_F^T C\phi_w}{M_{WF}^*}\dot{q}+\frac{\phi_F^T F}{M_{WF}^*}=-\Gamma_{WF}\ddot{X}_g \tag{4.14}$$

位移模式参与系数$\Gamma_{WF}=\dfrac{\phi_F^T M1}{M_{WF}^*}=\dfrac{L_F}{M_{WF}^*}$，令$D=\dfrac{q}{\Gamma_{WF}}$，虽然加载力模式和位移模式不同，但在弹性范围内，加载力和位移大小的线性关系却始终存在，即有

$$\ddot{D}+\frac{\phi_F^T C\phi_w}{M_{WF}^*}\dot{D}+\frac{\phi_F^T F}{L_F}=-\ddot{X}_g \tag{4.15}$$

式中回复力F以加载模式ϕ_F控制，各楼层水平力与加载模式向量与质量乘积成正比，回复力向量$F=\frac{M\phi_F}{\phi_F^T M1}V_{bn}$，其中$V_{bn}$为总侧向力（基底剪力），单自由度体系的屈服力与结构最大基底剪力V_{bny}、屈服位移与结构顶点位移关系为

$$F_{ny}=\frac{V_{bny}}{L_F\Gamma_F}, \quad D_{ny}=\frac{u_{rny}}{\Gamma_{WF}\phi_{Wn}} \tag{4.16}$$

注意以上公式与模态推覆中的等效公式有一定相似性，模态有效质量被加载力模式控制下的有效质量代替，而振型参与系数Γ_{WF}则需要同时考虑位移模式和加载力模式。在以加载力控制的静力推覆过程中，加载力模式是可控的，位移模式随着加载力模式的变化而变化；由不同的加载力模式就可以导出不同的等效单自由度体系。实质上，静力推覆分析就是寻找结构的主要失效模式，次要构件的失效不影响结构的整体线性行为，只有在主要失效模式发生作用时，结构才表现出强烈的非线性，多自由度体系可简化为双线性单自由度体系。

本章认为，不同地震作用下，结构的破坏模式不尽相同，因此并不存在一个绝对客观的等效单自由度体系及与之对应的静态加载力模式，基于此，本章将加载模式考虑为一个模糊集类而不再是一个确定量，以隶属度表征不同加载模式的“可能性”：对于加载模式的所有形状向量，可通过结构模态振型加以表达，考虑前三阶振型

$$\phi=\phi_1+a\phi_2+ab\phi_3 \tag{4.17}$$

式中，模态坐标参数a、b取为模糊值$\tilde{a}$、$\tilde{b}$，这样加载模式的形状向量也被模糊化了，其隶属度函数$M(\phi)$为

$$M(\phi)=\max(\min\{M(a),M(b)\mid\phi=\phi_1+a\phi_2+ab\phi_3\}) \tag{4.18}$$

有了模糊化的加载模式形状向量 $\tilde{\phi}$ ，即可得到对应的等效单自由度体系，进而得到结构的位移延性。由模糊扩张原理，结构的位移延性的隶属度函数是所有经过静力推覆分析得到相同位移延性的不同加载模式隶属度的最大值，即

$$M(\mu)=\max\{M(\phi)\,|\,\forall\phi,\exists\mu=\text{PUSHOVER}(\phi)\} \tag{4.19}$$

从模糊化模态坐标参数 $\tilde{a}$ 、$\tilde{b}$ ，通过两次模糊扩张得到模糊位移延性 $\tilde{D}$ ，事实上直接按 4.18、4.19 式计算模糊位移延性是很困难的，由模糊集的分解定理、表现定理和扩张定理，本章采取如下计算策略：① 将模糊坐标参数 $\tilde{a}$ 、$\tilde{b}$ 离散为由若干截集表示的集合 $[\tilde{a}]^{\lambda}$ 、$[\tilde{b}]^{\lambda}$（分解定理)；② 计算 $[\tilde{a}]^{\lambda}$ 、$[\tilde{b}]^{\lambda}$ 内所有 a、b 取值组合下的位移延性，即通过多次推覆分析计算 $\mu(a,b)$ ；③ 对于每一个坐标参数 a、b 的模糊截集（闭区间），取其上计算得到的位移延性最大、最小值，构成对应的位移延性模糊截集（扩张定理）

$$[\tilde{\mu}]^{\lambda}=[\min(\mu),\max(\mu)\,|\,\mu=\mu(a,b),(a,b)\in[\tilde{a}]^{\lambda},[\tilde{b}]^{\lambda}] \tag{4.20}$$

式中 $[\tilde{a}]^{\lambda}$ 、$[\tilde{b}]^{\lambda}$ 是模糊参数 $\tilde{a}$ 、$\tilde{b}$ 的 λ-截集，事实上是一个区间；同样位移模糊截集 $[\tilde{\mu}]^{\lambda}$ 也是一个区间值。全部模糊截集的集合就构成了模糊集（表现定理）。从该模糊集中通过反模糊化得到一个代表值 $\tilde{\mu}^{REP}$ ，该值为新地震强度指标。

静力推覆分析的结果表明，第一阶振型加载模式下等效单自由度体系周期趋近于结构第一周期，而在有高阶振型参与的加载模式下，等效单自由度体系的周期将缩短，结构表现出“刚性”的特征；随着加载模式中高阶振型参与比重的增大，等效单自由度体系的屈服强度呈逐渐增大的趋势，而屈服强度的最不利加载模式则趋于第一阶振型。需要特别指出的是，在任意的加载模式下，静力推覆分析可能产生出非双线性单自由度体系所能描述的结果，例如当上部结构先屈服后，可能出现基底剪力与顶点位移方向相反的情况。因此，根据静力推覆分析得到的简化双线性单自由度体系，仅仅是结构在地震作用下诸多破坏模式中的一个类别而非全部，根据此简化体系分析得到的延性位移自有其局限性。

图 4.9～图 4.11 为第一组三种结构的模糊位移延性代表值 $\tilde{\mu}^{REP}$ 与层间最大转角 $\theta_{\max}$ 的拟合关系（第二组情形类似，不再赘述）。从图中可以看出，

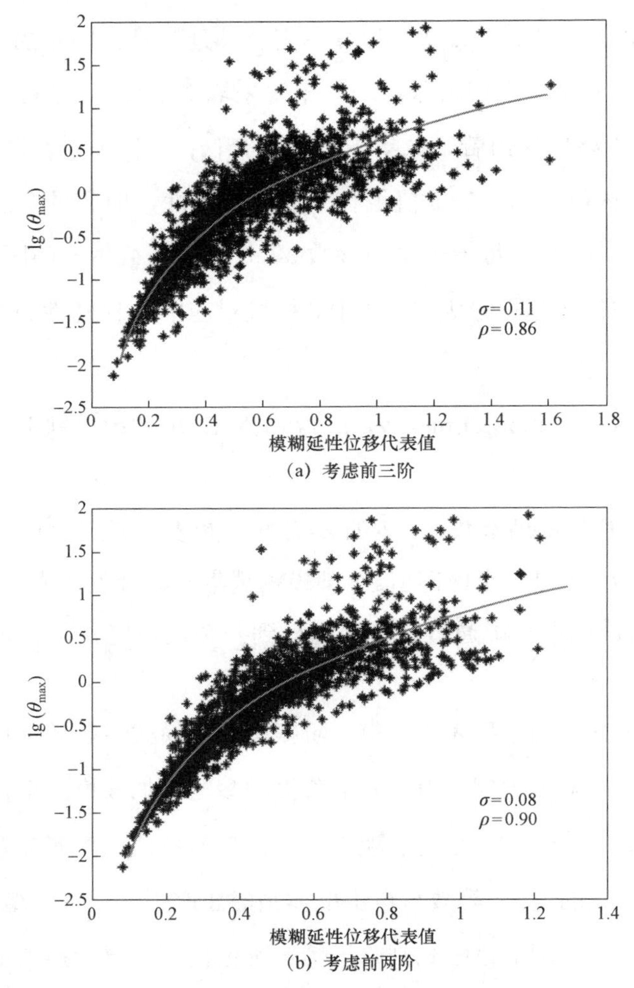

图 4.9　第一组五层结构模糊延性位移-层间转角拟合曲线

只考虑前两阶振型（即忽略式（4.11）的第三项）的模糊位移延性代表值与考虑前三阶振型的相比在精度上并无差异，甚至图 4.9 出现了考虑三阶振型的精度不如只考虑二阶振型的极端情况，出现此状况的可能原因在于，短周期结构破坏形式以第一阶振型的推覆方式为主，由二阶以上振型参与的推覆方式导致结构破坏的情形很少。由于精度相近，故模糊位移延性代表值的计算可只考虑二阶振型参与。

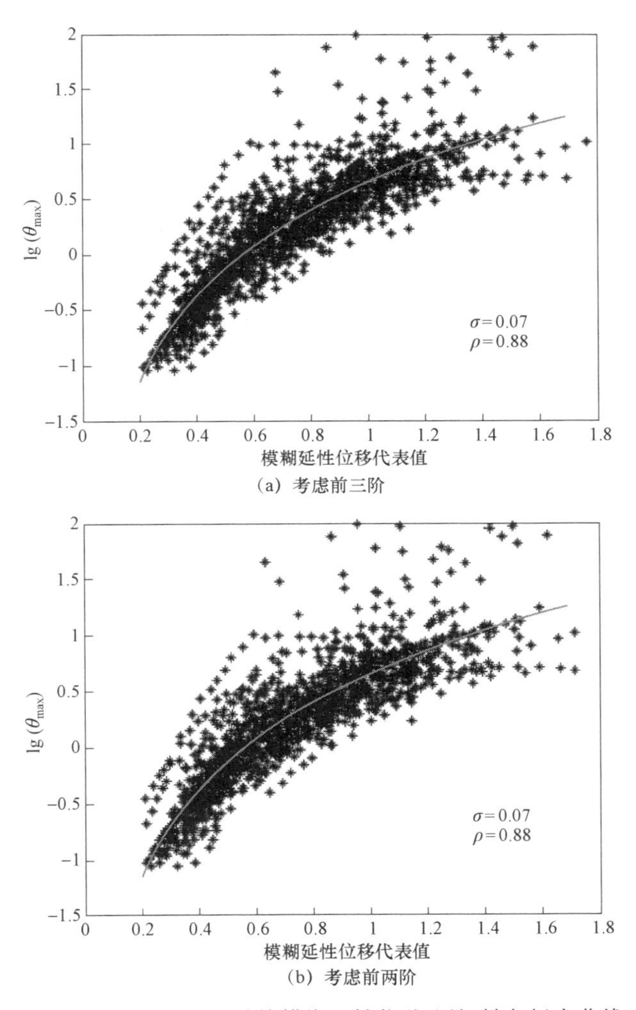

图 4.10　第一组十层结构模糊延性位移-层间转角拟合曲线

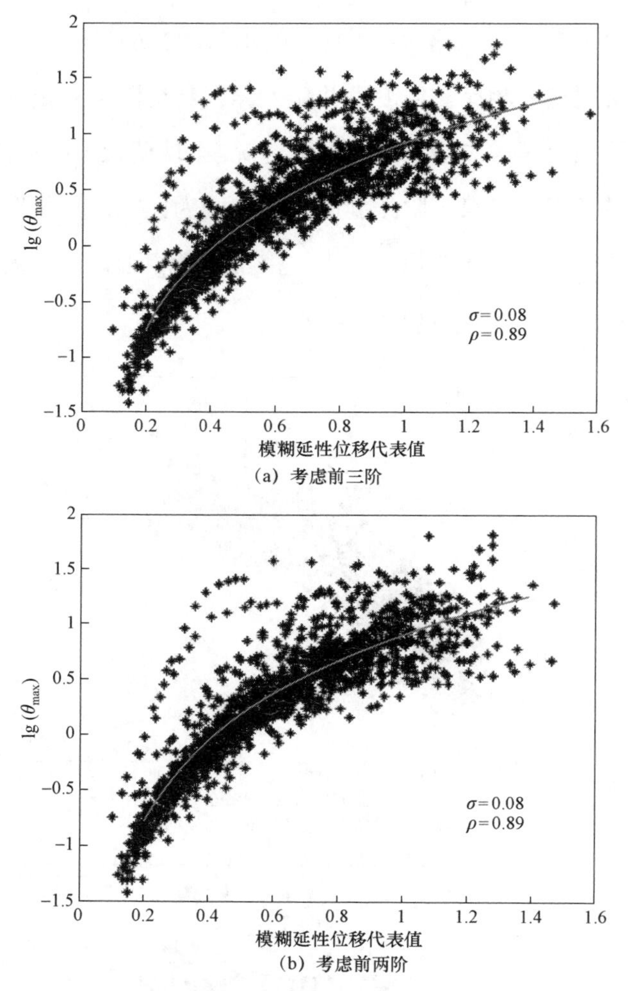

图 4.11 第一组八层结构模糊延性位移-层间转角拟合曲线

相较于第一阶推覆模式下得到的位移延性值，模糊位移延性代表值由于充分考虑了多种推覆状况，其预测误差离散性和相关性都得到显著的改善。与前述模糊谱速度平方代表值相比较：对于五层结构，模糊位移延性代表值在预测误差离散性和相关性上都得以显著提高；对于十层结构，两者处于同一水平上；而对于八层结构，则仍然不如模糊谱速度平方代表值。出现这种情况的原因，可能是由于短周期结构的破坏模式比

较单一，即是以第一阶振型推覆模式为主的破坏形式，所以预测精度较好；而对于长周期结构，高阶振型的影响不可忽略，然而由于静力分析得到的等效双线性单自由度体系所能描述的高阶振型破坏模式有限，即前述的静力推覆分析计算结构延性方法本身的局限性，导致对长周期结构地震响应的拟合出现较大的偏差。考察三种不同周期结构下模糊延性位移代表值的有效性，似乎结构周期越短，其有效性表现得越好，这与模糊谱速度平方代表值有一定的互补性。

4.7 小　结

从 PEER 的结构抗震性能概率评估指导性原则的角度看，地震强度指标 IM 的确定，是进行结构抗震性能概率评估的首要前提，其充分性和有效性直接影响评估效率和评估结果的准确性。近年来，近场地震由于其频繁性和危害性，逐渐成为抗震研究的热点，其中寻找或构建适用于近场地震的强度指标从而更好地评估结构在近场地震作用下的抗震性能，是近场地震研究的一个主要内容。

本章通过收集 12 场近场地震的 71 条地震纪录，总结归纳了现有的三类九种地震强度指标，并在此基础上，依据结构近场地震响应的模糊性，提出了基于模糊扩张原理的模糊谱速度平方代表值作为新强度指标；针对新强度指标在短周期结构响应拟合中有效性的不足，进一步提出了基于模糊加载模式得到的模糊延性位移代表值，相关内容小结如下：

三类地震强度指标中，第一类只涉及地震纪录本身特征的强度指标对结构最大层间转角响应的拟合有效性最差；第三类非线性谱相关强度指标虽然比第二类线性谱相关强度指标有更高的有效性，但这种差别并不显著。

新模糊谱速度平方代表值对近场地震特征的考虑是充分性的，其拟合结果并不因为近场地震特征值的加入而产生显著的改善；相对于前人提出的九种三类地震强度指标，新模糊谱速度平方代表值在十、八层中长周期结构上表现出显著的有效性，而对于短周期五层结构，其有效性趋同于一般的单值化第二类指标。

新模糊延性位移代表值提高了单值化静力推覆分析得到的位移延性结果的有效性；对于短周期五层结构，它表现出显著高于其他强度指标的有效性；对于十层结构其有效性等同于模糊谱速度平方代表值；但对于八层周期较长结构，其拟合结果的有效性则不如模糊谱速度平方代表值，但仍然显著高于其他强度指标的有效性。

现有的基于性能的抗震设计及评估方法往往涉及结构的宏观抽象特征，如地震作用下结构的等效周期、等效双线性 SDOF 体系等，这些宏观抽象特征难以通过直接统计的方式得到其概率分布，因此以直观经验式的模糊值化可能性分布代替随机值的概率分布处理工程抗震问题是一条简单可行的新思路。遵循这一思路，本章提出了两种模糊代表值化地震强度指标，它们都是从模糊值化的结构宏观抽象特征参数出发，依据模糊扩张原理得到结构地震响应模糊集，再通过反模糊化取得的代表值。其中，模糊谱速度平方代表值所涉及的结构特征参数是结构周期；而模糊延性位移代表值所涉及的结构特征参数，从本质上说，是与加载模式形状向量相关的参数化等效双线性 SDOF 体系。最后，从与其他地震强度指标充分性和有效性的比较结果可以看出该思路的合理性。

第5章　混凝土结构的可靠性区间分析

5.1　概念设计可靠性分析中的不确定性

我国现行的抗震设计规范采用“两阶段设计法”，结构承载力由小震下的弹性计算确定；对于罕遇地震则进行薄弱层的弹塑性变形验算。同时还规定了一些基本的设计原则，即所谓的抗震“概念设计”，如混凝土框架结构设计中的“强剪弱弯”“强柱弱梁”等，其中“强剪弱弯”是为了避免脆性的剪切破坏而尽量使构件出现延性较好的弯曲破坏；而“强柱弱梁”则要求梁先发生破坏以迟滞柱体的破坏而保持结构整体性不致坍塌。由于不确定性因素的影响，结构的这种概念设计性能应根据可靠度理论进行分析。

可靠性分析是围绕结构、环境因素的不确定性展开的。不确定性可分为偶遇不确定性和认知不确定性，其中偶遇不确定性通常以随机性进行描述，而认知不确定性源于领域知识欠缺或可用数据的缺乏，通常以模糊性或可能性加以描述，当知识或数据足够充分时，这种不确定性是可以消弭的。经典概率可靠性分析由于忽略了认知不确定性的影响，在统计信息不充分或存在模糊信息的条件下，这种分析往往具有局限性。

为了弥补经典可靠性分析的局限性，近年来，非经典可靠性研究分析方法逐渐出现在土木工程领域，并得到了越来越多的关注。C.Cremona 和 Y.Gao 基于可能性理论，提出替代概率可靠性理论的可能可靠性理论；王光远等从测度论的角度出发给出了模糊随机变量的严格数学定义，并从该定义引申出模糊随机可靠性；Moller 提出了可以同时考虑模糊性、随机性、模糊随机性的模糊概率可靠性的概念，并系统阐述了计算模糊可靠度的模糊一阶矩法（FFORM）；郭书祥等用区间变量描述结构不确定性参数，通过区间分析得到功能函数区间，以该区间标准化后的中值和区间半径比值作为可靠性评价指标；此后进一步提出了概率-非概率混合可靠性模型，该模型同时考虑随机变量和区间变量。

结构区间分析与概率可靠性分析相结合即形成了可靠性概率区间分析。事实上，这种可靠性概率区间分析是模糊随机可靠性分析的基础，对应于某个 α 水平下的模糊随机可靠性分析其实就是可靠性的概率区间分析。在本章中，引进了区间变量描述认知不确定性，根据“强剪弱弯”的失效事件对基本事件的包含关系确立了失效概率上下界的数学表达式，并从证据理论角度加以说明；引进区间数运算规则及 Tayor 模型以减少承载力计算中由于区间参数而导致的扩张误差；利用模拟退火遗传算法确定“强剪弱弯”设计区间近似值，并根据该设计区间近似值构造了特殊采样函数进行重要性采样以计算“强剪弱弯”失效概率区间。

5.2 “强剪弱弯”的可靠性区间分析

5.2.1 “强剪弱弯”功能函数计算模型

在混凝土结构理论中，柱在偏心受压状态下达到承载能力极限状态。

给定轴力，柱的正截面承载力极限状态函数可以只考虑弯矩的作用

$$Z_M = R_M - M_{\mathrm{Eh}} - M_G \tag{5.1}$$

式中，R_M、M_{Eh}、M_G分别为柱弯曲抗力、水平地震作用和重力作用产生的弯矩；类似定义柱剪切破坏功能函数为

$$Z_V = R_V - V_{Eh} - V_G \tag{5.2}$$

“强剪弱弯”是预期发生弯曲破坏大于发生剪切破坏的概率。遭遇地震时，如果柱没有发生弯曲破坏而发生剪切破坏，未体现“强剪弱弯”的设计意图，因此$Z_V \leqslant 0 \cap Z_M > 0$为失效事件。反之，如果柱发生弯曲破坏（不发生剪切破坏），即$Z_V > 0 \cap Z_M \leqslant 0$，为“强剪弱弯”意义下的“可靠”事件。这里，借用了“可靠”来描述“强剪弱弯”设计思想的实现。另一方面，既不发生弯曲破坏又不发生剪切破坏的状态，在结构可靠度意义上属“可靠”。但对于“强剪弱弯”设计概念，这个事件属于无关事件。这样“强剪弱弯”失效概率为

$$P_f = \frac{P(Z_V \leqslant 0 \cap Z_M > 0)}{1 - P(Z_V > 0 \cap Z_M > 0)} \tag{5.3}$$

实际工程中很多情况下对某些参数只能确定其大致范围而难以给出具体值或概率分布，即参数采用区间数形式描述。对于区间数在其区间上的任一取值，只能表示它具有某种“可能性”，这种可能性的大小无法度量；而另一方面，对于随机数的任一取值的可能性则可用概率值加以描述，因此从这个角度说，区间数含有比随机数更深层意义上的不确定性。

当结构功能函数的计算中引进区间数后，其计算结果不再是一个点值而是一个区间值。当零点包含于该区间时（$0 \in Z$），结构是否失效是未知的，在二值逻辑中，它既不是$Z > 0$所定义的“可靠”状态，也不是$Z \leqslant 0$所定义的“失效”状态，因此需要引进第三种逻辑状态“未知”（Unknown）加以描述（用U表示）。

假设柱的剪切破坏和弯曲破坏不能并存。即对于先发生弯曲破坏的柱，如属大偏心破坏，柱端形成塑性铰后的变形过程中剪力不再增加，因此不会再发生剪切破坏；如属小偏心受压，则正截面破坏由受压混凝土控制，具有脆性特征，也不会有后续的破坏形态。同样对于先发生剪切破坏的柱，不会再发生弯曲破坏。因此，$Z_V \leqslant 0$和$Z_M \leqslant 0$为互不相容事件。这样考虑基本事件$(U)_M \cap (Z_V \leqslant 0)$，则有：

$$\begin{aligned}(U)_M \cap (Z_V \leqslant 0) &= (Z_M \leqslant 0 \cap Z_V \leqslant 0) \cup (Z_M > 0 \cap Z_V \leqslant 0) \\ &= (Z_M > 0 \cap Z_V \leqslant 0)\end{aligned} \quad (5.4)$$

表 5.1 状态组合表

基本事件	A	B	C	D	E	F	G	H	I
剪切性能	$Z_V \leqslant 0$	$Z_V > 0$	$(U)_V$	$Z_V \leqslant 0$	$Z_V > 0$	$(U)_V$	$Z_V \leqslant 0$	$Z_V > 0$	$(U)_V$
弯曲性能	$Z_M \leqslant 0$	$Z_M \leqslant 0$	$Z_M \leqslant 0$	$Z_M > 0$	$Z_M > 0$	$Z_M > 0$	$(U)_M$	$Z_M > 0$	$(U)_M$
可靠性	Φ	S	S	F	N	F/N	F	S/N	F/S/N

*F 表示失效（failure），S 表示可靠（safety），N 表示无关（no related），Φ 表示空集

剪切破坏状态与弯曲破坏未知状态的交集即为不发生弯曲破坏状态与剪切破坏状态的交集。可同理推出其他类似情况。

表 5.1 列举了所有可能状态（基本事件），从中可以看出，“强剪弱弯”的失效事件和可靠事件存在不确定的边界：失效事件的上界为$D+G+F+I$，下界为$D+G$；可靠事件的上界为$B+C+H+I$，下界为$B+C$；可靠事件和失效事件具有交集。当失效事件取上界时，应将所有未知因素考虑为失效因素，即相当于$(U)_M$取$Z_M > 0$，$(U)_V$取$Z_V \leqslant 0$，此时无关事件为$E+H$；同理失效事件取下界时应将所有未知因素考虑为可靠因素，即相当于$(U)_M$取$Z_M \leqslant 0$，$(U)_V$取$Z_V > 0$，此时无关事件为$E+F$。

因此“强剪弱弯”的失效概率与可靠概率的区间为

$$
\begin{aligned}
[P_f^L, P_f^U] &= \left[\frac{P(D)+P(G)}{1-P(E)-P(F)}, \frac{P(D)+P(G)+P(F)+P(I)}{1-P(E)-P(H)}\right] \\
[P_S^L, P_S^U] &= \left[\frac{P(B)+P(C)}{1-P(E)-P(H)}, \frac{P(B)+P(C)+P(H)+P(I)}{1-P(E)-P(F)}\right]
\end{aligned}
\tag{5.5}
$$

易证上式存在关系：$P_S^L + P_f^U = 1$ 及 $P_f^L + P_S^U = 1$。

这和证据理论中对偶事件的信任函数与似然函数的互补性是等价的关系，即概率上界为似然函数而下界为信任函数。式（5.5）也可根据证据理论加以推导。考虑“强剪弱弯”可靠性的辨识框 $\Omega = \{\mathrm{F,S,N}\}$，分别表示“失效”、“可靠”与“无关”三种状态，对照表 1 中的最后一行，可以写出如下以概率形式表达的基本信任分配函数 m

$$
\begin{cases}
m(\{\mathrm{F}\}) = P(D)+P(G) \quad m(\{\mathrm{S}\}) = P(B)+P(C) \\
m(\{\mathrm{F,N}\}) = P(F) \quad m(\{\mathrm{S,N}\}) = P(H) \quad m(\Omega) = P(I) \quad m(\{\mathrm{N}\}) = P(E)
\end{cases}
\tag{5.6}
$$

以概率可靠性的二值逻辑考虑，“无关”状态不应出现在辨识框内，即此时的辨识框为 $\Omega' = \{\mathrm{F,S}\}$，通过归一化的方法重新分配包含 $\{\mathrm{N}\}$ 的原辨识框内基本信任函数，可以得到如下基本信任分配函数 m'

$$
\begin{aligned}
& m'(\{\mathrm{F}\}) = \frac{m(\{\mathrm{F}\})}{1-m(\{\mathrm{N}\})-m(\{\mathrm{F,N}\})} \quad m'(\{\mathrm{S}\}) = \frac{m(\{\mathrm{S}\})}{1-m(\{\mathrm{N}\})-m(\{\mathrm{S,N}\})} \\
& m'(\Omega') = 1 - \frac{m(\{\mathrm{S}\})}{1-m(\{\mathrm{N}\})-m(\{\mathrm{S,N}\})} - \frac{m(\{\mathrm{F}\})}{1-m(\{\mathrm{N}\})-m(\{\mathrm{F,N}\})}
\end{aligned}
\tag{5.7}
$$

根据该基本信任分配函数求“失效”或“可靠”的信任函数与似然函数，可以得到与式（5.5）相等的结果。通过数值模拟产生随机区间数，根据式（5.3）即可计算出“强剪弱弯”失效概率的区间。

考虑对称配筋的矩形截面柱，按照《混凝土结构设计规范》（GB 50010—2002），受弯承载力计算公式为

$$R_M = \alpha f_c b h_0^2 \xi (1-0.5\xi) + f_y' A_s' (h_0 - a_s') - N(0.5h - a) \tag{5.8}$$

相对受压区高度 ξ 按如下方程确定

$$\begin{cases} N = \alpha f_c b h_0 \xi + f_y' A_s' - \sigma_s A_s \\ \sigma_s = E_s \varepsilon_{\text{cu}} \left(\dfrac{\beta}{\xi} - 1 \right) \end{cases} \tag{5.9}$$

当 $N < \alpha f_c b h_0 \xi_b$ 时，有

$$\xi = \frac{N}{\alpha f_c b h_0} \tag{5.10}$$

类似的受剪承载力计算公式

$$R_V = \frac{\alpha_c}{\lambda + 1} f_t b h_0 + f_{yv} \frac{A_{sv}}{S} h_0 + \alpha_N \min(0.3 f_C A, N) \tag{5.11}$$

以上公式中的符号和计算方法参见 GB 50010—2002《混凝土结构设计规范》。

在数值模拟中，一些基本参数，如混凝土抗压强度、钢筋屈服强度等，已通过统计获得其概率分布，可参考相关文献确定。但还有一些参数，如混凝土极限压应变、混凝土抗拉强度等，由于缺乏相关资料，其概率分布无法确定，即存在认知不确定性。为了量化这种不确定性并建立相应的概率分布，本章采用含区间值参数的经验公式建立这些参数与其他统计量的联系，例如对于混凝土极限压应变 ε_{cu} 与混凝土抗压强度可以采用如下关系

$$\varepsilon_{\text{cu}} = c - d \cdot f_c \tag{5.12}$$

式中，c 和 d 为区间值参数，取值为 $[0.004, 0.005]$ 及 $[0.003\,84, 0.004\,24]$，这样对应于某个给定的 f_c 值，ε_{cu} 为一个区间数，它反映了人们在 $f_c - \varepsilon_{\text{cu}}$ 关系上的认知不确定性。由于 f_c 为一给定分布的随机数，按式（5.12）计算出的 ε_{cu} 即为区间随机数，它具有两个方面的特点：首先对于某一给定的 ε_{cu} 取值，都存在一个概率区间，它反映了人们在 ε_{cu} 取值“可能性”上的认知不确定性；而另一方面对于某一给定的 ε_{cu} 分布分位点，都存在一个 ε_{cu} 取值区间，它反映了人们在某个置信水平下对 ε_{cu} 取值的不确定性。

经典概率将 c 和 d 考虑为分布确定的随机值参数，这样当给定 f_c 的概率分布，ε_{cu} 的分布亦是一确定的概率分布。其实由于认知不确定性的存在，即使在给定某个固定的 f_c 分布的情况下也不能完全确定 ε_{cu} 的分布，因此相对于单个概率分布，采用区间概率分布似乎更能体现出认知不确定性。类似的对于混凝土抗拉强度，出于简化的考虑采用二次曲线拟合设计规范（GB 50010—2002）中轴心抗拉-抗压强度标准值（分位点）的关系，并假设该曲线代表了两者实际取值的关系，式中 t_a、t_b 为区间值化的不确定性参数，取值分别为 $[0.27,0.29]$ 与 $[0.097,0.099]$。

$$f_t = t_a + t_b \cdot f_c - 0.001\,25 \cdot f_c^2 \tag{5.13}$$

类似的对于式（5.11）而言，在数值模拟中 α_c 与 α_N 为区间值化的不确定性参数，通过它反映抗剪承载力的不确定性，分别取 $[1.05,1.4]$ 与 $[0.04,0.056]$。

荷载效应的标准值可根据结构抗力设计值进行反算。参照《建筑抗震设计规范》（GB 50011—2002），将荷载效应分为重力荷载效应和水平地震荷载效应

$$S_{GE} = \frac{R}{\gamma_{RE}(\gamma_G + \gamma_{Eh} \cdot \rho)},\quad S_{Ehk} = \rho \cdot S_{GE} \tag{5.14}$$

式中，S_{GE}、S_{Ehk} 分别表示重力荷载效应标准值与地震作用效应标准值，ρ 为地震作用效应与重力荷载效应的标准值之比。对于剪力荷载标准值，还应考虑剪切增强系数 η_{VC} 的影响

$$V_{GE} = \frac{R}{\gamma_{RE}(\gamma_G + \gamma_{Eh} \cdot \rho)\eta_{VC}},\quad V_{Ehk} = \rho \cdot V_{GE} \tag{5.15}$$

地震作用效应服从极值 I 型分布，其标准值与均值之比取 1.06，变异系数取 0.3；重力荷载效应服从正态分布，取标准值均值比为 0.75，变异系数取 0.1；表 5.2 给出了其他随机变量的分布参数（均取正态分布）。

表 5.2 随机变量及其分布

随机变量	均值	变异系数
混凝土轴心抗压强度	C30 26.1	0.17
	C40 33.4	0.16
钢筋强度	Ⅰ级 243.8	0.089 5
	Ⅱ级 384.8	0.074 3
钢筋弹性模量	2.0e5	0.03

5.2.2 区间数运算

为了简化分析，对荷载效应不考虑认知不确定性。以下讨论在计算模型包含区间数的情况下，如何计算出结构抗力 R_M 、 R_V 的最紧区间。

Moore 最早提出了区间算术（interval arithmetic）的定义，对于任意两个区间数 $[\underline{a},\overline{a}]$ 与 $[\underline{b},\overline{b}]$ （以下用 $[a]$ 和 $[b]$ 简化表示），其基本算子+、–、×、÷的运算规则为

$$[a]\circ[b]=\{a\circ b\mid a\in[a],b\in[b]\} \tag{5.16}$$

除法运算中 $0\notin[b]$ 。实际上任意的实函数 $\varphi\in F=\{\sin,\cos,\tan,\arctan,\exp\ldots\}$ 等都可以通过如下方式扩展成为区间函数

$$\varphi([x])=\{\varphi(x)\mid x\in[x]\} \tag{5.17}$$

考虑连续且在其定义域子区间上分段单调的实函数扩展成的区间函数，$\varphi([x])$ 的上下界可根据 $[x]$ 的上下界及某些特殊点直接求出。设 $f(x)$ 为一个数学表达式，由有限个基本算子（+、–、×、÷）及实函数 φ 构成，以 $[x]$ 代替 x，通过连续运用式（5.16）、式（5.17）也可得到一个区间，以 $f([x])$ 表示，该运算过程称之为 f 在 $[x]$ 上的区间算术运算。设 $R(f,[x])$ 为 f 在 $[x]$ 上的相集区间，显然有 $R(f,[x])\subseteq f([x])$。虽然采用优化方法可以完全确定 $R(f,[x])$，但计算开销巨大，目前研究的热点在于如何利有效地估计

$R(f,[x])$。

单纯采用区间算术运算的方法造成的结果是区间过估计，在某些条件下，这种过估计往往会使计算结果失去任何意义。Moore 提出两个定理有助于利用区间算术有效估计 $R(f,[x])$：

定理一：对于区间函数 $f:D\subset R^n\to R$，如果它的实值数学表达式 $f(x)$ 中各变量 x 只出现一次，则 $f([x])=R(f,[x])$。

这个定理说明通过对原始数学表达式的变形，使各变量只出现一次，则可以得到 $R(f,[x])$ 的准确区间。例如，设已知混凝土极限压应变为一区间值 $\varepsilon_{\mathrm{cu}}=[0.003,0.003\,6]$，受拉钢筋屈服应变 $\varepsilon_s=0.001\,5$，用以下公式

$$\xi_b=\frac{0.8\varepsilon_{\mathrm{cu}}}{\varepsilon_{\mathrm{cu}}+\varepsilon_s}$$

求解界限相对受压区高度为 $\xi_b^1=[0.470\,6,0.64]$；对以上公式变形得

$$\xi_b=\frac{0.8}{1+\dfrac{\varepsilon_s}{\varepsilon_{\mathrm{cu}}}}$$

此时区间变量 $\varepsilon_{\mathrm{cu}}$ 只出现一次，求解得相对受压区高度为 $\xi_b^2=[0.533\,3,0.564\,7]$，显然有 $\xi_b^1\supset\xi_b^2$。从以上例子可以看出，对于点值化变量而言，上述两个 ξ_b 的表达式计算结果完全相同，而对于区间值化变量而言，在表达式中一个区间变量多次出现将导致结果区间的扩张。

定理二：对于区间函数 $f:D\subset R^n\to R$，如果它的实值数学表达式 $f(x)$ 可以表达为中点形式，即 $f(x)=f(z)+h(x)^T(x-z)$，令：$f([x])=f(z)+h([x])^T([x]-z)$，

则有 Hausdorff 距离 $q\{R(f,[x]),f([x])\}\leqslant\kappa\|d[x]\|_\infty^2$（$\kappa$ 为一常数）。

$q(\cdot,\cdot)$ 为两个区间数的 Hausdorff 距离，$\|d[x]\|_\infty^2$ 为区间直径。这条定理表明，当原始数学表达式表达为中点形式时，由区间算术所得的区间 $f([x])$ 以区间直径的平方逼近 $R(f,[x])$。Berz 等在此基础上发展了多变量泰勒算

术计算模型，较为有效地解决了对 $R(f,[x])$ 的过估计问题。区间函数 f 的 Berz-Taylor 模型由 n 阶泰勒多项式 p_n 与区间余项 I_{n+1} 构成

$$T_f=\sum\frac{1}{i!}[([x]-x_0)\bullet\nabla]^i f(x_0)+\frac{1}{(n+1)!}[([x]-x_0)\bullet\nabla]^{n+1}f(x_0+([x]-x_0)\Theta) \tag{5.18}$$

式中，$x_0=(x_0^1,\cdots,x_0^m)^T$，$\Theta\in[0,1]$，$[g\bullet\nabla]^k=\sum_{j_1+\ldots+j_m=k}\frac{k!}{j_1!\ldots j_m!}\quad g_1^{j_1}\ldots g_m^{j_m}$ $\frac{\partial^k}{\partial x_1^{j_1}\ldots x_m^{j_m}}$，其中 x_0 取区间的中点。

从本质上说，Berz-Taylor 模型是利用泰勒公式，以区间中点为展开点，将原始函数展开为以中点形式表达的区间级数和，这样依据定理二的描述，计算结果区间将以区间直径的平方逼近实际区间。例如考虑函数 $f(x)=x\ln x$，令 $x=[0.3,0.4]$，直接利用区间代数得 $[-0.482,-0.275]$，利用三阶 Berz-Taylor 模型得 $[-0.370,-0.361]$（第四阶余项中 Θ 取 0.5），真实值为 $[-0.368,-0.361]$，可见利用 Berz-Taylor 模型能较好地近似于真实值。

本章中所涉及的大多数区间运算均采用 Berz-Taylor 模型，以下是对具体运算过程的讨论。

对抗剪承载力计算式（5.11）的观察可以看出，每个区间变量只出现了一次，因此根据定理一，直接采用区间算术运算可以得到准确的抗剪承载力区间而不会造成任何的过估计。对于抗弯承载力计算式（5.8），相对受压区高度 ξ 是区间值，在公式中出现了多次，因此应将式（5.8）以 $[\xi]$ 中点 ξ_0 为中心做二阶泰勒展开得到 Berz-Taylor 模型，可以看出该模型中区间余项 I_n 为 0。

$$T_{R_M}=R_M\big|_{\xi=\xi_0}+\alpha f_c bh_0^2(1-\xi_0)\bullet([\xi]-\xi_0)-\frac{\alpha f_c bh_0^2}{2}([\xi]-\xi_0)^2 \tag{5.19}$$

式（5.19）的计算需要首先确定相对受压区高度 ξ 的区间。由于混凝

土极限压应变 ε_{cu} 的区间性，界限相对受压区高度 ξ_b 亦为区间值 $[\xi_b^L,\xi_b^U]$ 分三种情况讨论。

1. 当 $N < \alpha f_c b h_0 \xi_b^L$ 时，由式（5.10）可知 $\xi = \dfrac{N}{\alpha f_c b h_0}$ 为点值；

2. 当 $N > \alpha f_c b h_0 \xi_b^U$ 时，对于式（5.9），经变形后得到如下方程：

$$\alpha f_c b h_0 \xi^2 + (f_y A_s - N + E_s \cdot [\varepsilon_{\text{cu}}])\xi - E_s \cdot [\varepsilon_{\text{cu}}]\beta A_s = 0 \tag{5.20}$$

这可看作是包含区间变量 $[\varepsilon_{\text{cu}}]$ 的关于 ξ 的隐函数，对该式取三阶导数

$$\begin{cases} \xi' = \dfrac{E_s \beta A_s - E_s A_s \xi}{2u\xi + v} \\ \xi'' = \dfrac{-2E_s A_s \xi' - 2u\xi'^2}{2u\xi + v} \\ \xi''' = \dfrac{-(3E_s A_s + 6u\xi') \cdot \xi''}{2u\xi + v} \end{cases} \tag{5.21}$$

式中：$\begin{cases} u = \alpha f_c b h_0 \\ v = f_y' A_s' + E_s \varepsilon_{\text{cu}} A_s - N \end{cases}$

将式（5.21）代入式（5.18）即可得到式（5.9）的二阶 Berz-Taylor 模型，其中 Θ 取 0.5；

3. 当 $N \in [\alpha f_c b h_0 \xi_b^L, \alpha f_c b h_0 \xi_b^U]$ 时，分别按式（5.9）与式（5.10）分别计算 ξ，得点值 ξ_1 和区间值 $[\xi_2]$，取区间并集，有 $\xi = [\min(\xi_1, \xi_2^L), \max(\xi_1, \xi_2^U)] \subset [\xi_b^L, \xi_b^U]$。

5.3 计　算

在结构可靠度计算中，设计点的概念非常重要，它是指具有最大失效概率的随机变量的取值点，通常与重要性采样方法相结合用于 Monte Carlo 模拟计算中，以期达到提高计算精度、减少模拟次数的目的。对于较为复

杂的情况，设计点的计算往往须借助于统计优化算法实现，而两种比较常用的统计优化算法是模拟退火算法及遗传算法。

当可靠性问题涉及区间不确定性时，经典意义上的单值可靠度即转化为区间可靠度。不同于一般的单值可靠度随机数值模拟，由于随机变量取值的区间性，“强剪弱弯”随机事件的数值模拟必须以前文所述的区间数运算方法进行，并依据式（5.5）统计数值模拟结果得出所求的失效概率区间；相应于单值化随机数下设计点的概念，区间值化的随机数在其区间上任意一个点都存在相应的设计点，这样设计点就扩张为设计区间。本章研究了基于模拟退火-遗传算法计算设计区间近似值的实现方法，并由此近似值构造了特殊的采样函数进行重要性采样，从而完成了“强剪弱弯”可靠度区间的计算，最后分析了数值模拟结果的相对误差。

5.3.1 模拟退火遗传算法

设计点计算的优化问题一般提法为，标准空间内，由功能函数所定义的失效域内的点应使它到原点距离最短，即

$$\min: X^T X \qquad S.T: Z(X) \leqslant 0 \tag{5.22}$$

考虑“强剪弱弯”的最优化问题可构造为

$$\min: X^T X \quad S.T: Z_V(X) \leqslant 0, Z_M(X) > 0 \tag{5.23}$$

遗传算法是解决优化问题的有效方法。它用数学方式模拟生物进化过程：问题的解采用一组实数或二进制编码的“染色体”描述，称为“解个体”；根据解个体对优化目标的适应程度，通过对大量解个体构成的“种群”实行选择、交叉和变异的三种遗传操作来模拟进化过程，实现最优化问题的求解。将遗传算法应用于设计点的计算，需要解决的问题是对约束项（可行域）的处理。目前大多数文献采用罚函数的方法解决含约束优化问题，

但考虑到罚函数法性能严重依赖于惩罚系数，且评估函数的形态由于惩罚项的存在与目标函数的形态存在差异而可能导致较大的计算偏差，这使得罚函数方法在遗传实际应用中存在难以克服的困难。本章提出基于模拟退火的遗传算法求解式（5.23）的含约束优化问题。

模拟退火算法（SA）的依据是固体退火的统计力学特性：对于一个在温度 T 时处于热平衡的系统，从达到平衡过程的微观各个能量状态跃迁的角度看，高能量状态总是以概率 1 跃迁到低能量状态；反之，低能量状态跃迁到高能量状态的概率为 $P(\Delta E)=\exp\left(\frac{-\Delta E}{T}\right)$。模拟退火算法借鉴了这种能量跃迁规律，它从某个初始温度及初始能量状态（初始解）开始，依据微观能量状态的跃迁规律，在逐步降低温度的条件下，使最终结果概率收敛于能量最小状态（最优解）。模拟退火算法的三个主要部分是：冷却进度、跃迁概率分布和跃迁接受概率分布，其中冷却进度和跃迁接受几率相结合保证了优化算法能跳出局部小。

遗传算法中的解个体采用实数编码，一个染色体即是一个数组，包括单个解各参数的取值（随机变量）、相应的适应度函数值 FD，这里可定义为任意的标准空间中随机向量到原点的距离的减函数（如倒数），此外还包括解个体的不可行度 IFD 。解个体的不可行度是遗传算法中通过模拟退火解决可行域问题的关键，它可描述为解个体到可行域距离的测度，不可行度越小，代表离可行域越近，当解个体为可行解时，其不可行度达到最小值 0。根据式（5.23）可行域的特点，采用以下方式构造不可行度：

$$\mathrm{IFD}(X)=\max\left\{-Z_V(X)\cdot\frac{H}{2}-Z_M(X),0\right\}\qquad(5.24)$$

不可行度较低而适应度较高的不可行解比适应度低的可行解包含了更多优化信息，但对二者如何进行取舍选择成了遗传算法中需要解决的问题，例如罚函数是将适应度和不可行度综合成一个目标值进行评判。本章中模拟退火方法解决可行域问题的思路是将二者分开考虑：以式（5.24）中的不可行度作为解的能量状态 E，在遗传算法中的选择、交叉、变异算子中引进模拟退火的状态跃迁接受准则。这样在进化过程中，随着温度的降低，不可行度高的解被拒绝的概率逐渐增大，最终将以概率 1 收敛于可行域。

冷却进度是模拟退火算法中极为重要的一项设置，一般设为进化世代数 n 的函数。对于以不可行度为能量状态的冷却进度可定义为 $T_1(n)=T_0C^n$，其中 T_0 设为 1.6 倍的初始代不可行度标准差；退火因子 C 为一个小于 1 的常数，应根据总的进化世代数 n 以及最终的冷却温度加以确定。模拟退火规则对约束满足压力的影响主要通过遗传算法中的选择、交叉、变异算子实现：

1. 选择算子。选择算子通过两两比较，按一定的锦标赛规模（参与竞赛解个体个数）返回单个优胜解个体。两两比较时按如下策略确定优胜者：a. 同为可行解，不必考虑约束项的影响，直接取适应度较高者获胜；b. 同为不可行解，或一个为可行解而另一个为不可行解的情况，除了需要考虑以适应度描述的“适者生存”外，还应考虑约束项压力的影响。设不可行度较高者为 x_1，较低者为 x_2，随机产生一个 0～1 的数 r，计算跃迁状态接受概率

$$P_1=\mathrm{MIN}\left(1,\exp\left\{\frac{-[\mathrm{IFD}(x_1)-\mathrm{IFD}(x_2)]}{T_1(n)}\right\}\right) \tag{5.25}$$

若 $P>r$，表明可以接受不可行度较高的解，即约束项压力较小可不予考虑，此时应取适应度较高者获胜，反之则表明约束压力不容忽视，应取不适应度较低者获胜。

2. 交叉算子。交叉算子随机选取两个父级解个体，通过启发式搜索生成新一代具有更好“适应性”的解个体。设父代中具有较高适应度的解个

体为 x_1，较低的为 x_2，则两个新生解个体为

$$\begin{cases} x_{\text{new}}^1 = x_1 + (x_1 - x_2) \cdot \text{rand} \\ x_{\text{new}}^2 = x_2 + (x_1 - x_2) \cdot \text{rand} \end{cases} \tag{5.26}$$

式（5.26）定义的实际是一个有向搜索，其中 rand 为 – 1 到+1 的随机数，该设定是出于以下考虑：正方向代表适应度提高的方向，而反方向在可靠性问题中往往代表不可行度降低的方向。x_{new}^1 与 x_{new}^2 分别为替代 x_1 与 x_2 的“新能量状态”，是否采用新解代替原解，需从两个方面考虑：首先是来自约束项的压力，可以以式（5.25）计算跃迁概率决定是否接受新解；其次是来自目标优化的压力，即如果新解的适应度较父代解为低是否可接受的问题，类似引进模拟退火规则，定义解的接受概率为

$$P_2 = \text{MIN}\left(1, \exp\left\{\frac{-[\text{FD}(x_{\text{new}}) - \text{FD}(x)]}{T_2(n)}\right\}\right) \tag{5.27}$$

$T_2(n)$ 为以适应度（ FD ）为能量状态的冷却进度，可类似参考 $T_1(n)$ 的设定。

从模拟退火的角度考虑，交叉算子所起的作用实际是有向的状态跃迁。在模拟退火算法中，从初始解开始，在一定温度下，通过状态跃迁、以跃迁接受几率接受或拒绝新解需要多次的迭代才能达到概率收敛状态（即与初始状态无关），因此交叉过程同样应迭代一定次数，本章设定 10 次迭代。

3. 变异算子。变异的主要功能在于通过保持种群多样性以防止遗传算法过早收敛。这里可以引进模拟退火中状态跃迁方式的变异形式，定义新解的跃迁步长服从均值为 0 的高斯分布，方差取当前代随机变量的方差，并以式（5.25）、式（5.27）决定是否接受新解，同样设定 10 次迭代。

由于本章采用了区间值化参数，因此对应于参数区间上的任意点的任意组合都存在一个设计点，这些设计点即构成了设计区间。出于简化计算的考虑，本章通过将适当的区间参数上下界带入承载力计算公式，采用上述的遗传退火算法即可求出设计区间大致的上下界。遗传算法流程如图 5.1 所示。

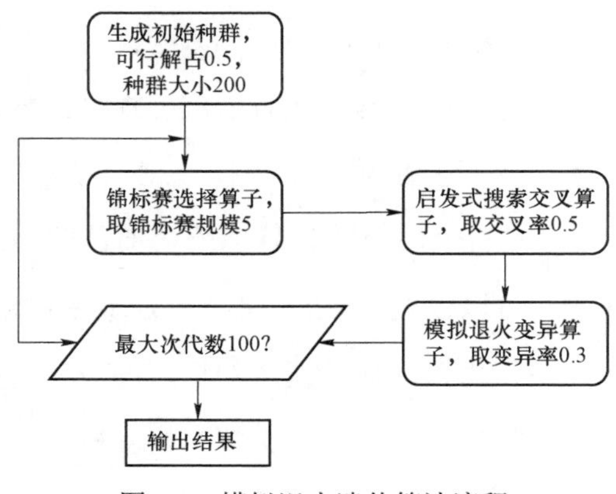

图 5.1　模拟退火遗传算法流程

5.3.2　重要性采样及误差分析

在可靠度数值模拟计算中，为了减少抽样次数常采用重要性采样的方法，抽样分布一般采用以设计点为中心的概率密度函数。本章构造了一类特殊的抽样分布函数：它以设计区间为中心，设计区间内的点服从均匀分布，且具有最大概率值。采样时先产生一个 0 到 1 的均匀随机数，以该随机数作为概率函数的分布值，通过计算概率分布函数的反函数产生样本；抽样分布与原始分布采用相同的分布概型，最大概率值点改为设计区间，同时离散程度保持原始分布不变。

在重要性采样中，方差估计用以下公式得出

$$\widehat{\sigma}^2(\widehat{I}_n)=\frac{1}{(n-1)}\sum_{i=1}^{n}\left[\frac{g(x_i)}{f(x_i)}s(x_i)-\widehat{I}_n\right]^2 \tag{5.28}$$

其中，$g(x_i)$ 为原始概率分布函数，$f(x_i)$ 为采样概率密度函数，$s(x_i)$ 为各事件取值 0 或 1 的示性函数，$\widehat{I}_n=\frac{1}{n}\sum_{i=1}^{n}\frac{g(x_i)}{f(x_i)}$ 为均值，即事件概率的估计值。由统计知识可知，在方差未知条件下，统计量 $T=\frac{\widehat{I}_n-I_n}{\widehat{\sigma}}\sqrt{n}\sim t(n-1)$，则概率 I_n 具有 95%置信度的相对误差可估计为

$$err=\frac{\left(-t_{0.05}(n-1)\frac{\widehat{\sigma}}{\sqrt{n}}\right)\cdot\frac{1}{\widehat{I}_n}}{1-\left(-t_{0.05}(n-1)\frac{\widehat{\sigma}}{\sqrt{n}}\right)\cdot\frac{1}{\widehat{I}_n}} \tag{5.29}$$

根据式（5.5）中分子及分母对应的基本事件，通过式（5.29）即可进行失效概率的相对误差估计。经计算，本章所提方法对“强剪弱弯”失效概率估计的相对误差在 0.1 以内，考虑到失效概率本身非常小，因此可满足一般工程精度要求。

5.4　影响因素分析

影响“强剪弱弯”性能的主要影响因素，包括柱截面尺寸、混凝土强度等级、设计弯矩水平、轴压比、剪跨比、剪切增强系数等。为了方便讨论上述诸因素的影响，一般性设定如下：混凝土强度等级包括 C30、C40 及 C50，纵筋采用Ⅱ级钢，箍筋采用Ⅰ级钢；柱截面包括 450×450、650×650、900×900 三种形式对称配筋；此外定义设计弯矩水平 $[M]=M/f_cAh_0$ 为一无量纲比值，取设计弯矩值在不同截面尺寸、混凝土强度下的相对意义。分析时先设定截面尺寸及混凝土强度，根据设计弯矩水平、轴压比、剪跨比按规范设计配筋率，再 MC 模拟计算可靠度。

5.4.1 截面尺寸

图 5.2、图 5.3 分别为两种设计弯矩水平下，不同截面尺寸的“强剪弱弯”可靠度随轴压比变化的情况，上下两线代表区间的上下界。从图中可看出，所有类型截面尺寸的可靠指标上下界几乎重合，不同的截面尺寸对

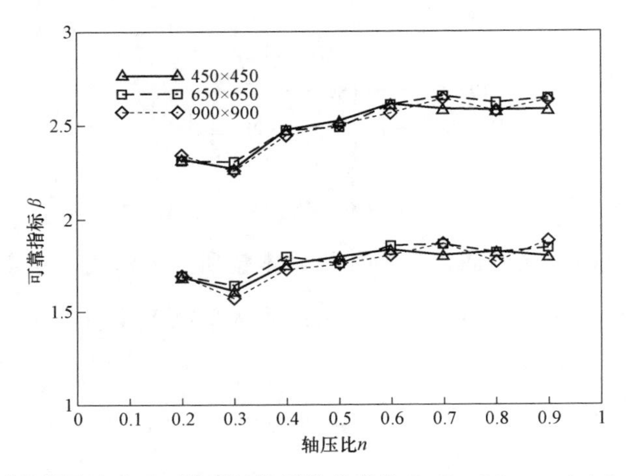

图 5.2　不同截面尺寸下可靠度随轴压比的变化($[M]=0.2,\eta_{vc}=1.1,\lambda=2$, C30)

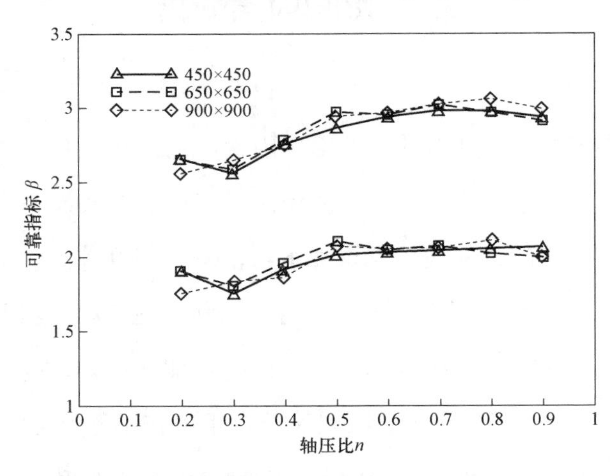

图 5.3　不同截面尺寸下可靠度随轴压比的变化($[M]=0.15,\eta_{vc}=1.1,\lambda=2$, C30)

“强剪弱弯”的影响并不显著；随着轴压比可靠指标呈勺状变化，轴压比在 0.3 处达到勺底位置，这可能是抗剪承载力计算公式中含 $\min(0.3 f_C A, N)$ 这一轴力相关项而导致的非实质表象。从总体上看，低轴压比条件下，轴力对抗剪性能有加强作用，因此较低的轴压比对“强剪弱弯”可靠性有不利的影响；而高轴压比对“强剪弱弯”可靠性影响虽不大，但考虑到高轴压比容易造成小偏心受压破坏，因此应将轴压比控制在 0.5～0.7 之间。

5.4.2　混凝土强度等级

图 5.4 为三种混凝土强度等级下可靠度随轴压比的变化，从图中可以看出，可靠度随着混凝土强度等级的提高而降低。可能的原因是混凝土抗拉强度较抗压强度的增加缓慢，导致柱抗剪能力随混凝土强度等级的提高而下降。图中 C40 混凝土强度等级条件下“强剪弱弯”的平均失效概率下界为 0.05，刚达到 95% 保证率；而 C50 混凝土强度等级下的可靠性则更低。似乎低强度的混凝土较高强度混凝土更能满足“强剪弱弯”性能设计的要求。

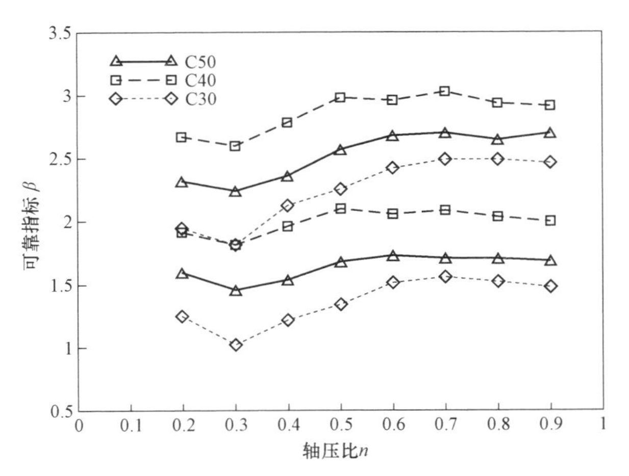

图 5.4　不同混凝土强度下可靠度随轴压比的变化（$[M]=0.15, \eta_{vc}=1.1, \lambda=2$）

5.4.3 设计弯矩水平

图 5.5 为低剪跨比条件下，不同设计弯矩水平下可靠度随轴压比的变化。从图中可以看出，可靠性随设计弯矩水平的增大而降低。这是由于在轴压比不变的条件下，增加的弯矩与剪力通过增加箍筋与纵筋的方式加以抵消，而配箍率与纵筋配筋率的增加幅度取决于剪跨比，当剪跨比较小时，配箍率增幅大于纵筋配筋率的增幅，从而抗剪承载力分布方差的增幅大于抗弯承载力分布方差的增幅，导致可靠性降低。

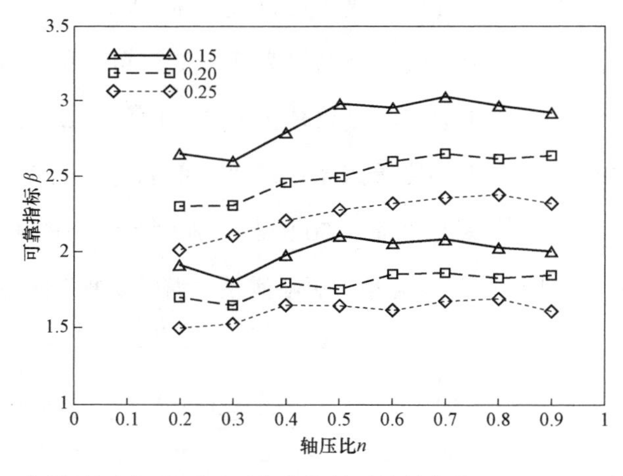

图 5.5　不同设计弯矩水平下可靠度随轴压比的变化($\eta_{vc}=1.1, \lambda=2$, C30）

5.4.4 剪跨比

数值模拟时设定荷载比、剪切系数、轴压比不变，分析较小剪跨比在 1.5～3.0 的区间上变化时的可靠度。如图 5.6 所示，“强剪弱弯”可靠性随着剪跨比的减小而降低；对于可靠度在大轴压比条件下的变化则不甚明显，图

中不同轴压比条件下的可靠指标在小剪跨比范围内的变化曲线基本重合。考虑剪跨比较小时的情况（1.5～3.0），剪切增强系数按规范的三个等级分别取1.1、1.2、1.4 时，计算得到相应的“强剪弱弯”失效概率如图 5.7 所示，从图中可以看出二级剪切增强系数 1.2 的设置更偏向一级的可靠性区间而不能体现出一级到三级可靠性要求的过渡性，可设二级的剪切增强系数为 1.25，此时“强剪弱弯”可靠性如图 5.8 所示，此时的过渡性得到了较好的体现。

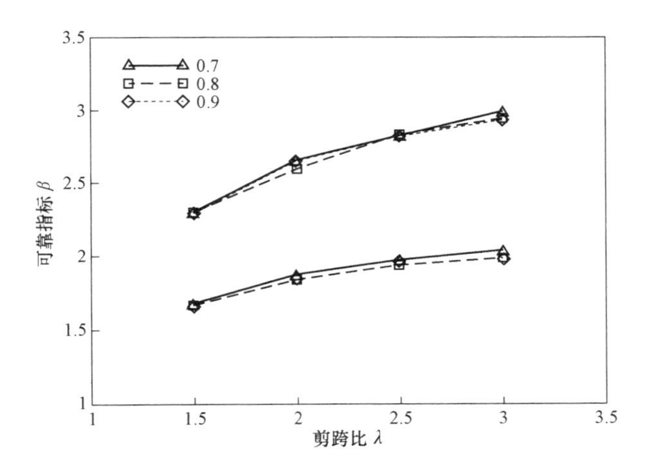

图 5.6　不同轴压比下可靠度随剪跨比的变化($[M]=0.2, \eta_{VC}=1.1, \rho=2$)

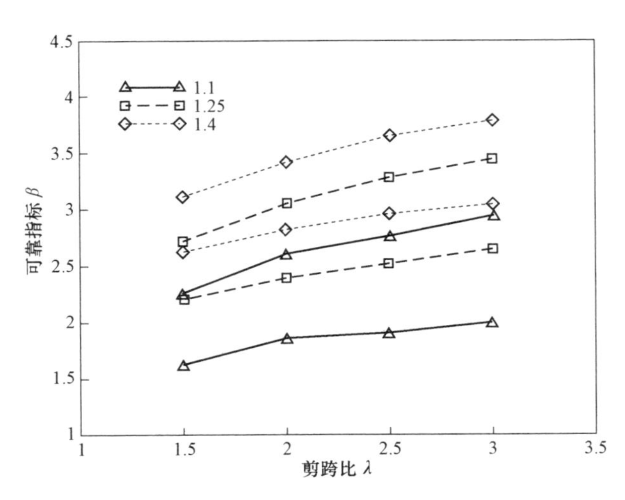

图 5.7　修正剪切系数下可靠度随剪跨比的变化($[M]=0.2, \mu=0.6, \rho=2$)

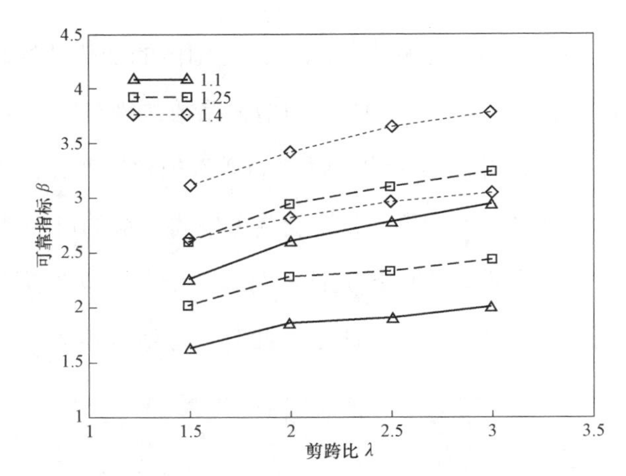

图 5.8 规范剪切系数下可靠度随剪跨比的变化($[M]=0.2, \mu=0.6, \rho=2$)

5.4.5 荷载比

数值模拟时设定剪跨比、剪切增强系数、轴压比不变，分析荷载比在0.5～2.0 的区间上变化时的可靠度。如图 5.9 所示，“强剪弱弯”可靠性随着荷载比的增大而减小，这主要是由于地震剪力作用效应的变异性较大，随着荷载比的增大，则可靠性降低。

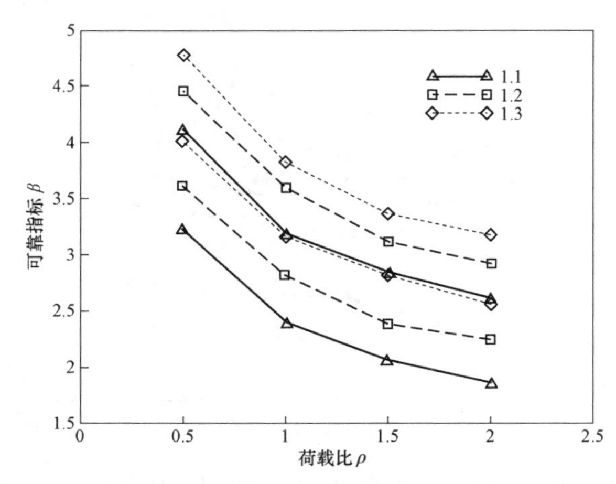

图 5.9 不同剪切系数下可靠度随荷载比的变化($[M]=0.2, 4=0.6, \lambda=2$)

综上所述，为了保证柱体良好的“强剪弱弯”性能，在设计时应注意：a. 根据（I）的分析可知，截面尺寸对固定弯矩、剪跨比条件下的“强剪弱弯”可靠度无太多影响；但由于大截面尺寸的柱刚度比小截面柱刚度要大，因而会分担更大的弯矩，而由（Ⅲ）中的分析知在较小剪跨比下，弯矩越大可靠性越低，所以仍需尽量减小截面尺寸，此外应控制轴压比保持在 0.5～0.7 之间；b. 在满足设计需要的条件下，可优先考虑低等级混凝土；c. 根据第（Ⅳ）的分析，调整二级剪切增强系数为 1.25，使三个等级的划分更加合理。

图 5.10 为初始代与最终代种群在功能函数 Z_V、Z_M 上的分布，从图中可以看到种群从最初的离散状态最终收敛于可行域与不可行域分界线上一点的领域内。蒙特卡罗计算所得的失效概率采用前述方法进行了误差分析，结果表明该方法具有良好的精度，相对误差在 0.1 左右，可以满足一般 R 工程要求。

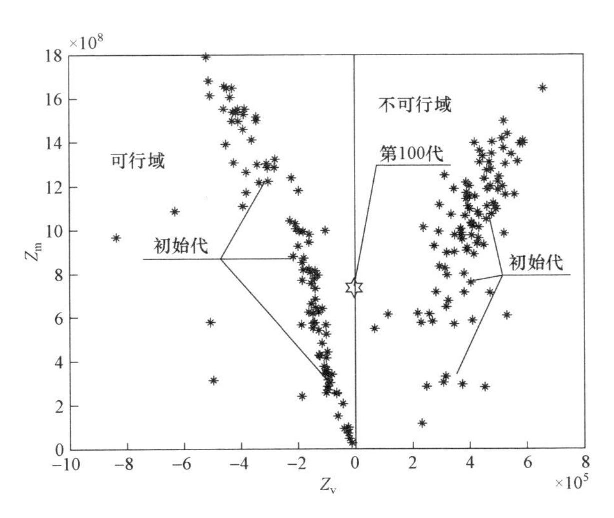

图 5.10　初始代与最终代种群分布，
初始可行解与不可行解比例为 1:1

5.5 小　结

“强剪弱弯”是抗震设计中保证结构延性的一个重要设计概念。在本章中，区间变量被引进用于表达认知不确定性，在此基础上对钢筋混凝土柱的“强剪弱弯”性能进行了非经典概率可靠性分析。根据“强剪弱弯”的可靠与失效的基本事件，以及基本事件间的包含关系，建立了“强剪弱弯”可靠性的数学模型。由于区间变量的存在，结构失效与否的判定从经典概率的二值逻辑转化为含有未知状态的三值逻辑；失效概率从经典概率可靠度的点值转化为区间值，其上下界代表了结构失效概率在“可能”与“必然”之间的范围；从证据理论角度出发，按“失效”“安全”二值逻辑构成的辨识框重新分配基本信任分配函数，论证了失效概率区间的上下界实质上等价于证据理论中的信任与似然函数。

本章采用数值模拟计算“强剪弱弯”可靠度区间。在对“强剪弱弯”随机事件的数值模拟中，引进了 Taylor 模型计算含有区间参数的结构承载力以减少由于区间扩张而导致的过大误差；引进了代表数值解到可行域距离的“不可行度”的概念处理约束满足问题，利用模拟退火遗传算法确定“强剪弱弯”的设计区间近似值，并根据该设计区间近似值构造了一类特殊的采样函数进行重要性采样从而得到了“强剪弱弯”失效概率区间。误差分析表明该方法具有较好的精度。最后的算例分析了各设计因素对“强剪弱弯”可靠性的影响，并提出了相应的设计建议。

结论与展望

不确定性推理和分析方法目前逐渐成为结构工程领域理论与实践的一个重要研究方向。在实际工程环境下，不确定性总是伴随着从设计、施工到维护的各个实践环节，因此，不确定性分析的理论及方法既是真实反映客观环境下结构工程问题的描述语言，也是有效处理客观环境下结构工程问题的计算逻辑。最早最广泛应用的不确定性结构分析方法是以概率论及数理统计为基础的随机结构分析方法，涉及包括结构可靠度分析、地震结构响应分析等诸多结构工程问题，然而，由于实际工程环境中统计样本的缺失以及所遭遇不确定性问题的非随机性质内涵，使得基于概率论的随机分析方法难以满足现实环境的要求。

近年来，主观贝叶斯方法由于其具备处理人类先验知识（或主观概率）的能力，而被运用于缺乏统计样本或具有非经典概率内涵的不确定性分析领域。事实上，除了贝叶斯理论外，其他多种不确定性理论及方法被提出以应对客观环境所遭遇的不同内涵的不确定性，主要包括区间分析、模糊集或可能性理论、证据理论等。这些不确定性理论极大拓展了不确定性分析方法的工程应用背景，使结构不确定性分析方法具有更为广泛的理论基础。由于不确定性分析方法所涉及结构工程领域应用的广泛性，本书只从少数几个方面入手展开研究工作，主要的研究内容及成果总结如下。

1. 近年来，基于贝叶斯网的知识表达及推理方式逐渐成为构造专家系统的一种有效途径。有鉴于此，本书构造了基于贝叶斯网的专家系统通用原型机用于钢筋混凝土耐久性诊断及抗震性能评估。在该系统中，领域知识采用离散贝叶斯网表达，系统的推理采用联合树算法求解贝叶斯网在给定观测证据下的边缘概率分布。整个专家系统的知识表达采用两个层次构造：第一个层次是关于贝叶斯网的结构以及其推理模式的知识，属于专家系统的“元知识”层次，在具体实现上采用面向对象的编程技术构造了贝叶斯网的相关类，其中包括节点类、有向边类、贝叶斯网类三种与贝叶斯网逻辑构造相关的类，以及分离集类、派系类、证据类、证据集类、合树类五种与贝叶斯推理相关的类；第二个层次是关于具体的领域知识的贝叶斯网实现，它类似传统专家系统的“数据库”，属于应用层次，具体的工程结构相关知识在这个层次上通过人机交互建立相对应的贝叶斯网实现人类专家知识到计算机专家系统知识的转换。两个知识层次的构造使得该专家系统具有通用性。

在本书的专家系统实现中，采用了模块化设计思路，把整个专家系统依据功能划分为用户界面模块、贝叶斯网编辑模块以及推理模块。用户界面模块接受用户的输入，这些输入包括对贝叶斯网的编辑（即知识的输入）、证据节点状态的输入（证据输入）以及最终结果的输出；推理模块负责贝叶斯网转化到合树的编译、接受证据输入后不确定性推理及节点上的边缘概率计算；贝叶斯网编辑模块则实现从用户界面动作到贝叶斯网实现的转变。本章以钢筋混凝土耐久性诊断以及钢混凝土框架结构抗震性能评估为例，说明了贝叶斯网合树算法的推理过程；结合钢筋混凝土结构的抗震性能评估，演示了该系统如何在信息不完备这类土木工程中常见的不确定性环境下的具体应用

2. 概率地震需求分析是结构性能评估极为重要的环节，也是基于性能抗震设计的第一步。将结构最大弹塑性位移需求作为结构损伤测度，通过

对大量地震记录的延性需求谱进行回归分析建立的简化弹塑性位移反应谱，是目前基于性能抗震设计与评估研究的热点。本书根据所搜集到的1918条地震记录，对具有不同屈服水平系数及周期的单自由度体系作了弹塑性时程分析，将地震强度指标IM单独提取出来作为描述结构延性需求概率分布的条件独立性参数，通过拟合得到了简化的延性需求计算公式；针对单一地面峰值加速度作为地震强度指标的不足，根据回归分析构造了一个新的参数用于描述地震频谱特性对延性需求的影响；以地面峰值加速度和此新参数作为地震强度指标向量，建立了给定地震强度条件下结构延性需求的概率关系。

由上述方法得到结构地震延性需求的概率关系后，进一步的工作则是通过建立一个数学模型预测未来地震对结构延性的需求。按照地震延性需求概率关系所涉及的各影响因素及因素间的层次关系，构造出包含10个节点的连续型贝叶斯网。利用贝叶斯网进行地震延性需求概率分析，不仅可以根据已有的统计资料得到延性需求的先验分布，还可以根据实际的观测数据不断修正从而得到更符合实际的后验分布。

由贝叶斯公式得到的概率后验分布，涉及非常复杂的高维积分问题，本章中通过引进马尔科夫链蒙特卡罗模拟方法，计算给定地震强度观察值条件下延性需求的后验分布，基于Metropolis-Hastings采样以及相应的马尔科夫链收敛性检验算法，实现了延性需求计算的本地化。最后，通过算例分析了各地震强度参量、给定观测值条件下对延性需求预测结果的影响。

3. 寻求一个充分有效的地震强度指标用于地震结构响应分析及抗震性能评估，是实现基于性能抗震设计的首要前提，也是结构工程抗震研究领域所面临的难点和焦点。近场地震由于其多发性和危害性，逐渐成为结构抗震工程领域研究的热点。在本书中，通过收集多年来12场地震的71条地震波纪录，分析了三种典型框架结构在近场地震作用下的响应，比较了已有的九种地震强度指标在近场地震作用下对结构层间最大转角的拟合性能，在此基础上，提出了一种基于模糊代表值的谱速度平方值作为新地震强度，该强度指标值根据结构振动周期的模糊取值，通过模糊扩张原理获得与此对应的结构谱速度平方值的模糊集，其代表值则由模糊集的重心确定。

新强度指标对于中长周期的两种典型框架结构，相较于其他 9 种指标，具有较好的充分性和有效性，然而在低周期结构中其充分性和有效性有所不足。为了克服这种不足，并进一步研究延性谱值作为地震强度指标的表现，本章将上述模糊代表值的概念推广到以 PUSHOVER 分析为基础的延性位移上，得到相应的延性位移模糊代表值。该强度指标以推覆分析中加载力形状向量模糊集为基础，推覆分析得到模糊集下结构的等效周期及屈服强度，通过扩张原理得到与此对应的结构位移延性模糊集并求取其代表值。通过对比分析表明，新指标在短中周期具有较好的充分性和有效性，而长周期的表现则不如谱速度平方模糊代表值。总体说来，模糊代表值化的地震强度指标由于考虑了结构在环境作用下所具有的模糊性，较之其他点值化的强度指标，具有较高的充分性和有效性。

4. 在钢筋混凝土结构抗震设计中，“强剪弱弯”是保证结构延性的一个重要设计概念。本书采用区间变量表达认知不确定性，对钢筋混凝土框架柱的强剪弱弯性能进行了非经典概率可靠性分析。通过结合代表认知不确定性的区间变量，以及代表偶遇不确定性的随机变量完成了对所分析对象中所包含不确定性的数学描述，在此基础上，根据对基本事件的包含关系建立“强剪弱弯”可靠性概率模型。值得注意的是，由于区间变量的存在，结构失效与否的判定，从经典概率可靠度的二值逻辑转变为含有未知状态的三值逻辑；相应的，结构失效概率从经典概率可靠性的“点值”转化为“区间值”，其中失效概率上下界之间的区间代表了主观上难以决断是

否失效的部分。本章从证据理论出发论证了该失效概率区间的上下界实质上等价于证据理论中的信任与似然函数。

对于含有区间值不确定性参数的结构承载力计算，将 Taylor 模型引进计算过程中，减少由于区间扩张而导致的过大误差。在数值模拟计算中，通过引进代表数值解到可行域距离的“不可行度”（IFD）的概念处理约束满足问题，利用模拟退火遗传算法（SAGA）确定“强剪弱弯”的大致设计区间。根据该设计区间构造了一类特殊的采样函数进行重要性采样模拟从而得到了失效概率区间。误差分析表明该方法具有较好的精度。最后通过算例分析了各设计因素对“强剪弱弯”可靠性的影响，并提出了相应的设计建议。

基于不确定性理论的结构分析及其应用是结构工程领域既古老又新兴的研究课题，具有不断更新的理论背景及广泛而深远的应用前景。本书最初的目标，是构建基于贝叶斯推断的概率推理损伤诊断专家系统，然而随着研究的深入逐渐发现，仅仅是基于概率随机性的不确定性表达及推理，难以应对真实复杂的工程背景。结构工程的不确定性理论分析是构建专家系统不确定性推理的前提，也是更为基础的研究，于是工程抗震背景下展开的不确定性理论分析研究成为本章新的且更为现实的研究目标，并着眼于不确定性推理和分析方法及其在工程抗震领域应用的探索和研究。这也是本书各章之间相对独立的原因。限于时间和作者的精力，本书只对这一领域的几个方面做了部分研究。就本书所涉及的内容，尚需在以下方面进一步研究和改进。

① 增加对连续型节点的支持，使得贝叶斯网专家系统更具实用性；依据已有的实际工程结构数据资料自动构造贝叶斯网以及相应的概率分布从而实现专家系统的“学习”。

② 可以进一步考虑诸如场地土特性、震源机制、震中距等对于地震强

度指标的衰减模型，以及单自由度体系与实际结构之间的不确定性关系，完善贝叶斯网用于工程结构的概率地震需求分析。更进一步的工作可根据PEER结构抗震性能评估原则建立一整套的基于贝叶斯网的评估模型。

③ 更有效的进行区间推覆分析以及区间单自由度的非线性分析；量化不同地震强度指标的适用范围，如结构的长、中、短周期各自的模糊定义，软、中、硬场地土模糊分类等。

④ 除“强剪弱弯”外，“强柱弱梁”、“强节点弱”构件、轴压比限制等都体现了抗震设计概念，依据设计概念不同内涵采用不同的不确定性理论分析设计概念可靠性，是一项具有较为深远的理论意义和实用价值的工作。

按照本书研究的设想，基于性能的结构抗震设计应以结构不确定分析为基础，如同Cornell方程所描述，基于不同理论基础的不确定分析的不同结果最终将形成一个结构抗震设计的决策。而将不同理论基础的不确定分析结果统一到基于性能的结构设计这个框架内，还有大量的研究工作需要进一步深入，这应该是结构工程、工程抗震、人工智能乃至数学领域协同努力的目标。应当指出，将不同的不确定分析方法在结构工程背景下融合在一个统一框架内是有可能实现的。采用区间概率分析、模糊性扩展、贝叶斯网评估等方法，同时考虑可能性和概率性，理论上是可行的，也更符合工程实际。在具体的工程抗震背景下解决实际的不确定性问题，既是本书的出发点也是本书作者今后一段较长时间内的研究重点。

参考文献

[1] Ayyub B M. Elicitation of Expert Opinion for Uncertainty and Risks [M]. Boca Raton: CRC Press. 2001.

[2] Oberkampf W, Helton J, Sentz K. Mathematical representation of uncertainty [C]. Aiaa Applied Aerodynamics Conference. 2013.

[3] Zadeh L A. Fuzzy sets, information and control [J]. Information & Control, 1965, 8: 338–353.

[4] Interval analysis: by Ramon E. Moore, R.E Interval analysis [M]. Englewood Cliffs, N.J.: Prentice-Hall, 1966.

[5] Dempster A P. Upper and lower probabilities induced by a multivalued mapping [J]. The Annals of Mathematical Statistics, 1967, 38(2): 325–339.

[6] Shafer G. A mathematical theory of evidence [M]. Princeton: Princeton University Press, 1976.

[7] Beck J L, Katafygiotis L S. Updating models and their uncertainties. Part I: Bayesian statistical framework [J]. Journal of Engineering Mechanics, 1998, 124(4): 455-461.

[8] Katafygiotis L S, Beck J L. Updating models and their uncertainties. Ⅱ: Model identificablity [J]. Journal of Engineering Mechanics, 1998,

124(4): 463-467.

[9] Sohn H, Law K H. Application of load-dependent Ritz vectors to Bayesian probabilistic damage detection [J]. Probabilistic Engineering Mechanics, 2000, 15: 139-153.

[10] Yuen K V, Katafygiotis L S. Bayesian time-domain approach for modal updating using ambient data [J]. Probabilistic Engineering Mechanics, 2001, 16: 219-231.

[11] Yuen K V, Beck J L, Katafygiotis L S. Unified probabilistic approach for model updating and damage detection [J]. Journal of Applied Mechanics, 2004, 73: 555-564.

[12] 易伟建，吴高烈，徐丽. 模态参数不确定性分析的贝叶斯方法研究[J]. 计算力学学报，2006，23（6）：700-705.

[13] 邱洪兴. 用贝叶斯方法确定单桩竖向承载力 [J]. 工业建筑，1997，27（2）：33-36.

[14] 李小勇，谢康和. 土性参数相关距离的计算研究和统计分析 [J]. 岩土力学，2000，21（4）：350-353.

[15] 姚继涛. 现有结构材料强度的统计推断 [J]. 西安建筑科技大学学报，2003，35（4）：307-311.

[16] 张仪萍. 地基沉降泊松曲线拟合的概率方法 [J]. 岩土工程学报，2005，27（7）：837-840.

[17] 陈斌，刘宁，卓家寿. 岩土反分析的扩展贝叶斯法 [J]. 岩土力学与工程学报，2004，23（4）：555-560.

[18] Geyskens P, Kiureghian A D, Monterio P. Bayesian prediction of elastic modulus of concrete [J]. Journal of structural engineering, 1998, 124(1): 89-95.

［19］Cheung S H, Beck J L. Bayesian model updating using hybrid Monte Carlo simulation with application to structural dynamic models with many uncertain parameters［J］. Journal of Engineering Mechanics, 2009, 135(4): 243-255.

［20］Coolen F P A. On Bayesian reliability analysis with informative priors and censoring［J］. Reliability Engineering and System Safety, 1996, 53: 91-98.

［21］Byers W G, Marley M J, Mohammadi J, etc al. Fatigue reliability reassessment procedures: state-of-the-art paper［J］. Journal of Structural Engineering, 1997, 123(3): 271-276.

［22］Zhang R, Mahadevan S. Model uncertainty and Bayesian updating in reliability-based inspection［J］. Structural Safety, 2000, 22: 145-160.

［23］Papadimitriou C, Beck J L, Katafygiotis L S. Updating robust reliability using structural test data［J］. Probilistic Engineering Mechanics, 2001, 16: 103-113.

［24］Sasani M, Kiureghian A D, Bertero V V, Seismic fragility of short period reinforced concrete structural walls under near-source ground motions［J］. Structural Safety, 2002, 24: 123-138.

［25］刘章军，叶燎原，潘文. 基于模糊贝叶斯的震害预测［J］. 昆明理工大学学报，2002，27（6）：108-111.

［26］Zhong J, Gardoni P, Rosowsky D, Haukaas T. Probabilistic seismic demand models and fragility estimates for reinforced concrete bridges with two-column bents［J］. Journal of Engineering Mechanics, 2008, 134(6): 495-504.

［27］Cremona C, Gao Y. The possibilistic reliability theory: theoretical aspects and applications [J]. Structural Safety, 1997, 19(2): 173-201.

[28] Moller B, Beer M, Graf W, Hoffmann A. Possibility theory based safety assessment [J]. Computer-Aided Civil Infrastructure Eng, 1999, 14: 81-91.

[29] 郭书祥，吕震宙，冯立富. 基于可能性理论的结构模糊可靠性方法[J]. 计算力学学报，2002，19（1）：89-93.

[30] 曹文贵，张永杰. 基于区间截断法的地下结构模糊能度可靠性模型研究 [J]. 岩土工程学报，2007，29（10）：1455-1459.

[31] Biondini F，Bontempi F，Malerba P G. Fuzzy reliability analysis of concrete structures [J]. Computers & Structures，2004，82：1033-1052.

[32] 李云贵，赵国藩. 基于模糊随机概率理论的可靠度分析模型 [J]. 大连理工大学学报，1995，35（4）：528-531.

[33] 王光远，刘玉彬. 结构模糊随机可靠度的实用计算方法 [J]. 地震工程与工程振动，1995，15（3）：38-46.

[34] Liu Y B, Qiao Z, Wang G Y. Fuzzy random reliability of structures based on fuzy random variables [J]. Fuzzy Sets and Systems. 1997, 86: 345-355.

[35] Moller B, Graf W, Beer M. Safety assessment of structures in view of fuzzy randomness [J]. Computers & Structures, 2003, 81: 1567-1582.

[36] 李贞新，郭丰哲，钱永久. 既有钢筋混凝土拱桥耐久性的模糊综合评估 [J]. 西南交通大学学报，2006，41（3）：366-370.

[37] 杨建江，张永超. 模糊层次分析法和模糊理论在危险房屋鉴定中的应用 [J]. 河北工业大学学报，2005，34（6）：91-95.

[38] 徐敬海，刘伟庆，邓民宪. 建筑物震害预测模糊震害指数法 [J]. 地震工程与工程振动. 2002，22（6）：84-88.

［39］刘伟庆，徐敬海，邓民宪. 震害影响因子的多级模糊综合评判研究［J］. 地震工程与工程振动，2003，23（2）：123-127.

［40］Zhao Z Y, Chen C Y. A fuzzy system for concrete bridge damage diagnosis［J］. Computers & Structures, 2002, 80: 629-641.

［41］Kawamura K, Miyamoto A. Condition state evaluation of existing reinforced concrete bridges using neuro-fuzzy hybrid system［J］. Computers & Structures 2003, 81: 1931-1940.

［42］Silva S, Junior M D, Junior V L, et al. Structural damage detection by fuzzy clustering［J］. Mechanical Systems and Signal Processing, 2008, 22: 1636-1649.

［43］Altunok E, Taha M M R, Ross T J. Possibilistic approach for damage detection in structural health monitoring［J］. Journal of Structural Engineering, 2007, 133(9): 1247-1256.

［44］Qiu Z, Chen S H, Song DT. The displacement bound estimation for structures with interval description of uncertain parameters［J］. Communications in Numerical Methods in Engineering, 1996, 12: 1-11.

［45］Qiu Z, Elishakoff I. Anti-optimization of structure with large uncertain-but-non-random parameters via interval analysis［J］. Computer Methods in Applied Mechanics and Engineering, 1998, 152: 361-372.

［46］Chen S H, Yang X W, Interval finite element method for beam structures［J］. Finite Elements in Analysis and Design, 2000, 34: 75-88.

［47］郭书祥，吕震宙. 区间有限元静力控制方程的一种迭代解法［J］. 西北工业大学学报，2002，20（1）：20-23.

［48］Guo S X, Lu Z Z. Interval arithmetic and static interval finite element method［J］. Applied Mathematics and Mechanics, 2001, 20(1): 1390-1396.

[49] 郭书祥，吕震宙. 线性区间有限元静力控制方程的组合解法[J]. 计算力学学报，2003，20（1）：34-38.

[50] Muhanna R L, Mullen R L. Uncertainty in mechanics problems—interval-based approach [J]. Journal of Engineering Mechanics, 2001, 127(6): 557-566.

[51] Muhanna R L, Mullen R L, Zhang H. Penalty-Based Solution for the interval finite-element methods [J]. Journal of Engineering Mechanics, 2005, 131(10): 1102-1111.

[52] Koyluoglu H U, Ahmet S, et al. Interval algebra to deal with pattern loading and structural uncertainties [J]. Journal of Engineering Mechanics, 1995, 121(11): 1149-1157.

[53] Rao S S, Berke L. Analysis of uncertain structural systems using interval analysis [J]. AIAA Journal, 1997, 35(4): 725-735.

[54] 陈怀海. 非确定结构系统区间分析的直接优化法[J]. 南京航空航天大学学报，1999，31（2）：146-150.

[55] 王登刚，李杰. 计算不确定结构系统静态响应的一种可靠方法[J]. 计算力学学报，2003，20（6）：662-669.

[56] 王登刚. 计算具有区间参数结构的固有频率的优化方法[J]. 力学学报，2004，36（3）：364-372.

[57] 王登刚，李杰. 计算具有区间参数结构特征值范围的一种新方法[J]. 计算力学学报，2004，21（1）：56-61.

[58] Ben-Haim Y. A non-probabilistic concept of reliability [J]. Structural Safety, 1994, 14(4): 227-245.

[59] Ben-Haim Y. A non-probabilistic measure of reliability of linear systems based on expansion of convex models[J]. Structural Safety, 1995, 17(2):

91-109.

［60］郭书祥，吕震宙，冯元生．基于区间分析的结构非概率可靠性模型［J］．计算力学学报，2001，18（1）：56-60.

［61］郭书祥，吕震宙．结构可靠性分析的概率和非概率混合模型［J］．机械强度，2002，24（4）：524-526.

［62］Shigeru Nakagin, Keiko Suzuki. Finite element interval analysis of external loads identified by displacement input with uncertainty［J］. Computer Methods in Applied Mechanics and Engineering, 1999, 168: 63-72.

［63］王登刚，刘迎曦，李守巨，等．巷道围岩初始应力场和弹性模量的区间反演方法［J］．岩石力学与工程学报，2002，21（3）：305-308.

［64］王登刚，刘迎曦，李守巨．混凝土坝振动参数区间逆分析［J］．大连理工大学学报，2002，42（5）：522-526.

［65］Abrahamson N A, Silva W J. Empirical response spectral attenuation relations for shallow crustal earthquake［J］. Seismological Research Letters, 1997, 68(1): 94-127.

［66］Boore D M, Joyner W B, Fumal T E. Equations for Estimating Horizontal Response Spectra and Peak Acceleration from Western North American Earthquakes: A Summary of Recent Work［J］. Seismological Research Letters, 1997, 68(1): 128-153.

［67］Campbell K W. Empirical Near-Source Attenuation relationships for horizontal and vertical components of peak ground acceleration, peak ground velocity, and pseudo-absolute acceleration response spectral［J］. Seismological Research Letters, 1997, 68(1): 154-179.

［68］李春锋，赵庆英，刘普超. NGA 计划简介［J］．地震地磁观测与研究，

2008，29（1）：115-119.

[69] Moss R E S. Reduced Uncertainty of Ground Motion Prediction Equations through Bayesian Variance Analysis [J]. Pacific Earthquake Engineering Research Center Report 2009/105, http://works.bepress.com/rmoss/26/, 2010-10-12.

[70] Sigbjornsson R, Ambraseys N N. Uncertainty analysis of strong-motion and seismic hazard [J]. Bulletin of Earthquake Engineering, 2003, 1(3): 321-347.

[71] Luco N, Cornell C A. Structure-specific scalar intensity measures for near-source and ordinary earthquake ground motions [J]. Earthquake Spectra, 2007, Vol. 23(2): 357-392.

[72] Baker J W, Cornell C A. A vector-valued ground motion intensity measure consisting of spectral acceleration and epsilon [J]. Earthquake Engineering and Structural Dynamics, 2005, 34(10): 1193-1217.

[73] Baker J W, Cornell C A. Vector-valued intensity measures for pulse-like near-fault ground motions [J]. Engineering Structures, 2008, 30: 1048-1057.

[74] Tothong P, Luco N. Probabilistic seismic demand analysis using advanced ground motion intensity measure [J]. Earthquake Engineering & Structural Dynamics, 2007, 36(13): 1837-1860.

[75] 欧进萍，段宇博，刘会仪. 结构随机地震作用及其统计参数 [J]. 哈尔滨建筑工程学院学报，1994，27（5）：1-10.

[76] Veletsos A S, Newmark N M. Effect of inelastic behavior on the response of simple systems to earthquake motions[M]. In: Proceeding of the Second WCEE. Tokyo and Kyoto, 1960, 895-912.

［77］Nassar A A, Krawinkler H. Seismic demands for SDOF and MDOF Systems［J］. Report No. 95, Standford, California: The John A. Blume Earthquake Engineering Center, Dept. of Civil Engineering, Standford Univ, 1991, 12-45.

［78］Miranda E, Bertero V V. Evaluation of strength reduction factor for earthquake-resistance design［J］. Earthquake Spectra, 1994, 10(2): 357-259.

［79］Miranda E. Site dependent strength reduction factors［J］. Journal of Structural Engineering, 1993, 119(12): 3503-3519.

［80］卓卫东，范立础. 结构抗震设计中强度折减系数研究［J］. 地震工程与工程振动，2001，21（1）：84-88.

［81］吕西林，周定松. 考虑场地类别与设计分组的延性需求谱和弹塑性位移反应谱［J］. 地震工程与工程振动，2004，24（1）：39-48.

［82］YI W J, Zhang H Y. Probabilistic Constant-Strength Ductility Demand Spectra［J］. Journal of Structural Engineering, 2007, 133(4): 567-575.

［83］Krawinkler H, Seneviratna G D P K. Pros and Cons of a pushover analysis of seismic performance evaluation［J］. Engineering Structure, 1998, 20: 452-464.

［84］Gupta B, Kunnath S K. Adaptive spectra-based pushover procedure for seismic evaluation of structures［J］. Earthquake Spectra, 2000, 16(2): 367-391.

［85］Chopra A K, Goel R K. A modal pushover analysis procedure for estimating seismic demands for buildings［J］. Earthquake Eng. Struct. Dyn. 2002, 31(3): 561-582.

［86］欧进萍，侯钢领，吴斌. 概率 Pushover 分析方法及其在结构体系抗

震可靠度评估中的应用［J］. 建筑结构学报，2001，22（6）：81-86.

［87］贾立哲，段忠东，陆钦年. 基于凸集模型的界限 Pushover 分析［J］. 地震工程与工程振动. 2006，26（5）：81-87.

［88］侯爽，欧进萍. 钢筋混凝土框架结构体系抗震可靠度及抗力衰减影响分析［J］. 地震工程与工程振动，2006，26（5）：114-119.

［89］高小旺，沈聚敏. 大震作用下钢筋混凝土框架房屋变形能力的抗震可靠度分析［J］. 土木工程学报，1993，26（3）：3-12.

［90］欧进萍，段宇博. 高层建筑结构的抗震可靠度分析与优化设计［J］. 地震工程与工程振动. 1995，15（1）：1-13.

［91］马宏旺，赵国藩. 钢筋混凝土梁抗震可靠度校核以及强剪弱弯设计可靠性分析［J］. 建筑结构，2000，30（10）：3-8.

［92］袁贤讯，易伟建. 钢筋混凝土框架“强柱弱梁”及轴压比限值的概率分析［J］. 重庆建筑大学学报，2000，22（3）：64-68.

［93］Dooley K L, Bracci J M. Seismic evaluation of column-to-beam strength ratios in reinforced concrete frames［J］. ACI Structural Journal, 2001, 98(6): 843-851.

［94］张海燕. RC 框架强柱弱梁设计的可靠度分析［J］. 昆明理工大学学报, 2009, 34(2): 58-63.

［95］Ishizuka M, Fu KS, Yao J T P. SPERIL-I: computer based structural damage assessment system［J］. Tech Report No. CE-SET-81-36, West Lafayette: School of of Civil Engineering, Purdue Univ. , 1981, 1-40.

［96］Ogawa H, Fu K S, Yao J T P. Knowledge representation and inference control of SPERIL-Ⅱ［J］. In: Proceedings of the 1984 annual conference of the ACM on The fifth generation challenge, New York, USA, 1984, 42-49.

[97] 陈瑞金，刘西拉. 钢筋混凝土单层工业厂房可靠性评估知识获取与知识分析［J］. 四川建筑科学研究，1989，1：2-7.

[98] Chiang W, Liu K F R, Lee J. Bridge damage assessment through Fuzzy Petri Net based expert system［J］. Journal of Computing in Civil Engineering, 2000, 14(2): 142-149.

[99] 李楚舒，刘西拉，张之勇. 基于事例推理的高层建筑结构初步设计专家系统（基础篇）［J］. 建筑结构学报，2003，24（2）：76-82.

[100] 李楚舒，刘西拉，张之勇. 基于事例推理的高层建筑结构初步设计专家系统（应用篇）［J］. 建筑结构学报，2003，24（3）：82-96.

[101] Mathew A, Kumar B, Sinha B P, etc al. Analysis of masonry panel under biaxial bending using ANNs and CBR［J］. Journal of Computing in Civil Engineering, 1999, 13(3): 170-177.

[102] Morcous G, Hanna HR. Modeling Bridge Deterioration Using CBR［J］. Journal of Infrastructure Systems, 2002, 8(3): 86-95.

[103] 施宏宝，王秋荷. 专家系统［M］. 西安：西安交通大学出版社，1990.

[104] Nilsson N J. 人工智能［M］. 郑扣根，庄越挺，等译. 北京：机械工业出版社，2000.

[105] Giarratano J C. CLIPS User's Guide［EB/OL］//clipsrules. sourceforge. net/documentation/v630/ug. pdf, 2011-1-18.

[106] Boer T W. A beginner's guide［EB/OL］. http://download.pdc. dk/vip/72/books/deBoer/VisualPrologBeginners. pdf, 2011-1-18.

[107] Zadeh L A. Toward a perception-based theory of probabilistic reasoning with imprecise probabilities［J］. Journal of Statistical Planning and Inference, 2002, 105: 233-264.

[108] Pearl J. Probabilistic Reasoning in Intelligent Systems: Networks of

Plausible Inference [J]. San Francisco, California: Morgan Kaufmann, 1988, 29-141.

[109] Spiegelhalter D J, Dawid A P, Lauritzen S L, Robert G. Cowell. Bayesian Analysis in Expert Systems [J]. Statistical Science, 1993, 8(3): 219-247.

[110] 欧进萍，张世海，等. 高层钢筋混凝土结构抗震选型的模糊专家系统 [J]. 地震工程与工程振动，1997，17（2）：82-91.

[111] 张在明，陈雷，沈小克. 工程勘察场地复杂程度划分及其专家系统的建立 [J]. 土木工程学报，1998，31（6）：15-22.

[112] 杨育文，袁建新. 改进的逆向推理技术在深基坑工程专家系统中的应用 [J]. 岩土工程学报，1999，21（6）：700-703.

[113] 杨纶标，高英仪. 模糊数学[M]. 广州：华南理工大学出版社，2003.

[114] Mamdani E H, Assilian S. An experiment in linguistic synthesis with a fuzzy logic controller [J]. International Journal of Man-Machine Studies, 1975, 7(1): 1-13.

[115] Mamdani E H. Applications of fuzzy logic to approximate reasoning using linguistic synthesis [J]. IEEE Transactions on Computers, 1977, 26(12): 1182-1191.

[116] 冯乃谦，邢锋. 混凝土与混凝土结构的耐久性 [M]. 北京：机械工业出版社，2009.

[117] Heckerman D. A tutorial on learning with Bayesian networks, Tech. report MSR-TR-95-06(1995) [EB/OL]. http://research.microsoft.com/research/pubs/view. aspx?msr_tr_id=MSR-TR-95-06, 2003-3-3.

[118] Newton M A, Raftery A E. Approximate Bayesian Inference by the Weighted Likelihood Bootstrap [J]. Journal of the Royal Statistical

Society. Series B: Methodological, 1994, 56(1): 3-48.

[119] Pearl J. Fusion, propagation, and structuring in belief networks [J]. Artificial Intelligence, 1986, 29: 241-288.

[120] Dawid A P. Application of a general propagation algorithm for probabilistic expert systems [J]. Statistics and Computing, 1992, 2: 25-26.

[121] Huang C, Darwiche A. Inference in belief networks: a procedural guide [J]. International Journal of Approximate Reasoning, 1996: 15: 225-263.

[122] Kjaerulff U. Triangulation of Graphs-Algorithms Giving Small Total State Space [J]. Bayesian Networks & Influence Diagrams a Guide to Construction & Analysis, 1990, 1-38.

[123] R. Scheines. D-separation [EB/OL]. http://www.andrew. cmu. edu/user/scheines/tutor/d-sep. html, 2006-9-16.

[124] Cowell R G, Dawid P, Lauritzen S L, Spiegelhalter D J. Probabilistic Networks and Expert Systems [M]. NJ, USA: Springer-Verlag New York, 1999.

[125] Hammersley J M, Clifford P. Markov fields on finite graphs and lattices(1971) [EB/OL]. http://www.statslab.cam.ac.uk/~grg/books/hammfest/hamm-cliff. pdf, 2003-4-1.

[126] Tarjan R, Yannakakis M. Simple linear-time algorithms to test chordality of graphs, test acyclicity of hypergraphs, and selectively reduce acylic hypergraphs [J]. SIAM Journal on Computing, 1984, 13(3): 566-579.

[127] Jensen F V, Lauritzen S, Olesen K. Bayesian updating in causal

probabilistic networks by local computation［J］. Computational Statistics Quarterly, 1990(4): 269-282.

［128］刘正林. 面向对象程序设计[M]. 武汉：华中科技大学出版社，2001.

［129］微软公司. Microsoft Visual C++6. 0 MFC 类库参考手册［M］. 北京：北京希望电子出版社，1999.

［130］Cornell C A, Krawinkler H. Progress and challenges in seismic performance assessment［EB/OL］. http://peer.berkeley.edu/news/ 2000springs/index.html, 2004-1-5.

［131］Borzi B, Calvi G M, et al. Inelastic spectra for displacement-based seismic design[J]. Soil Dynamics & Earthquake Engineering, 2001, 21: 47-61.

［132］Tena-Colunga A. Displacement ductility demand spectra for the seismic evaluation of structures［J］. Engineering Structures, 2003, 23: 1319-1330.

［133］周定松，吕西林. 延性需求谱在基于性能的抗震设计中的应用［J］. 地震工程与工程振动，2004，24（1）：30-38.

［134］Malhotra P K. Response of buildings to near-field pulse-like ground motions［J］. Earthquake Engineering and Structural dynamics, 1999, 28: 1309-1326.

［135］黄建文，朱晞. 近震作用下单自由度结构的非弹性响应分析研究［J］. 中国安全科学学报，2003，13（11）：59-65.

［136］高小旺，鲍霭斌. 地震作用的概率模型及其统计参数［J］. 地震工程与工程振动，1985，5（1）：13-22.

［137］刘恢先，卢荣俭，陈达生，等. 修订我国地震烈度表的一个建议方案［C］. 地震工程研究报告集（第四集）. 北京：科学出版社，1981，

1-13.

[138] Casella G, George E I. Explaining the Gibbs sampler [J]. The American Statistician, 1992, 46(3): 167-174.

[139] Metropolis N, Rosenbluth A W, Rosenbluth M N, etc al. Equations of state calculations by fast computing machines [J]. The Journal of Chemical Physics, 1953, 21(6): 1087-1091.

[140] Hastings W K. Monte Carlo sampling methods using Markov Chains and Their applications [J]. Biometrika, 1970, 57(1): 97-109.

[141] 朱嵩，毛根海，刘国华，等. 改进的 MCMC 方法及其应用 [J]. 水利学报，2009，40（8）：1019-1023.

[142] Geweke J. Evaluating the accuracy of sampling-based approaches to the calculation of posterior moments [C]. In: Bayesian Statistics(Vol. 4). Oxford, UK: Oxford Univ. Press, 1992: 169-193.

[143] Raftery A E, Lewis S. How many iterations in the Gibbs sampler [C]. In: Bayesian Statistics(Vol. 4). Oxford, UK: Oxford Univ. Press, 1992: 763-773.

[144] Cowles M K, Carlin B P. Markov Chain Monte Carlo Convergence Diagnostics: A Comparative Review [J]. Journal of the American Statistical Association, 1996, 91(434): 883-904.

[145] 王凌. 智能优化算法及其应用 [M]. 北京：清华大学出版社，2001.

[146] Miranda E. Evaluation of site-dependent inelastic seismic design spectra [J]. J Struct Eng, 1993, 119(5), 1319-1338.

[147] Fajfar P, Vidic T, Fischinger M. A measure of earthquake motion capacity to damage medium—period structures [J]. Soil Dynamics and Earthquake Engineering, 1990, 9(5): 236-242.

[148] 郝敏，谢礼立，李伟．基于砌体结构破坏损伤的地震烈度物理标准研究［J］．地震工程与工程振动，2007，27（5）：27-32.

[149] Vamvatsikos D, Cornell C A. Developing efficient scalar and vector intensity measures for IDA capacity estimation by incorporating elastic spectral shape information［J］. Earthquake Eng and Struct Dyn, 2005, 34: 1-22.

[150] Shome N, Cornell C A, Bazzurro P, Carballo J E. Earthquakes, records, and nonlinear responses［J］. Earthq Spectra, 1998, 14(3), 469-500.

[151] Riddell R, Garcia J E. Hysteretic energy spectrum and damage control［J］. Earthquake Engineering and Structure Dynamics, 2001, 30: 1791-1816.

[152] 王京哲．近场地震速度脉冲下的反应谱加速度敏感区［J］．中国铁道科学，2003，24（6）：27-30.

[153] Sucuoglu H, Nurtug A. Earthquake ground motion characteristics and seismic energy dissipation［J］. Earthquake Engineering and Structural Dynamics, 1995, 24(9): 1195-1213.

[154] Alavi B, Krawinkler H. Effects of near fault ground motions on frame structures［J］. Report No. 138, Standford, California: The John A. Blume Earthquake Engineering Center, Dept. of Civil Engineering, Standford Univ, 2001, 156-188.

[155] 李新乐，朱晞．近断层地震动等效速度脉冲研究［J］．地震学报，2004，26（6）：634-643.

[156] 韦韬，赵凤新，张郁山．近断层速度脉冲的地震动特性研究［J］．地震学报，2006，28（6）：629-637.

[157] Code U B. Uniform Building Code(UBC), 1997 Edition, Vol 2. Structural

Engineering Design Provisions [C] //International Conference of Building Officials. 1997.

[158] 谭平，谈忠坤，周福霖. 近场地震动特性及弹性和塑性谱的研究[J]. 华南地震，2008，28（2）：1-9.

[159] Housner G W. Spectrum intensities of strong motion earthquakes [C]. In: Proceedings of the Symposium on Earthquakes and Blast Effects on Structures. Los Angeles, California: EERI, 1952, 20-36.

[160] Arias A. A measure of earthquake intensity. In: Seismic design for nuclear power plants [J]. Cambridge, Massachusetts: MIT Press, 1970, 438-483.

[161] Housner G W. Measure of severity of earthquake ground shaking. In: 1st Proceedings of the U. S. National Conference on Earthquake Engineering, Ann Arbor, Michigan [J]. Oakland, California: EERI, 1975, 25-33.

[162] Park Y J, Ang A H S, Wen Y K. Seismic damage analysis of reinforced concrete buildings [J]. Journal of Structural Engineering, 1985, 111(4): 740-757.

[163] Bazzurro P, Cornell C A, Shome N, et al. Three proposals for characterizing MDOF non-linear seismic response [J]. Journal of Structural Engineering, 1998, 124(11): 1281-1289.

[164] Sarma S K, Yang K S. An evaluation of strong motion records and a new parameter A_{95} [J]. Earthquake Engineering and Structural Dynamics, 1987, 15(1): 119-132.

[165] Benjamin J R. A criterion for determining exceedance of the operating basis earthquake [M]. EPRI Report NP-5930, Palo Alto, California:

Electric Power Research Institute, 1988, 1-28.

［166］叶燎原，潘文. 结构静力弹塑性分析的原理和计算实例［J］. 建筑结构学报，2000，21（1）：37-43.

［167］侯爽，欧进萍. 结构 Pushover 分析的侧向力分布及高阶振型影响［J］. 地震工程与工程振动，2004，24（3）：89-97.

［168］Paulay T，Priestley MJN. 钢筋混凝土和砌体结构的抗震设计［M］. 戴瑞同等译. 北京：中国建筑工业出版社，1999，98-225.

［169］薛素铎，赵均，高向宇. 建筑抗震设计［M］. 2 版. 北京：科学出版社，2007，13-18.

［170］中华人民共和国国家标准. 混凝土结构设计规范：GB 50010—2002［S］. 北京：中国建筑工业出版社，2002.

［171］中华人民共和国国家标准. 建筑抗震设计规范：GB 50011—2001［S］. 北京：中国建筑工业出版社，2001.

［172］Berz M, Hoffstatter G. Computation and Application of Taylor Polynomials with interval remainder bounds［J］. Reliable Computing, 1998, 4: 83-97.

［173］Mu S, Su H, Mao W J, et al. A new genetic algorithm to handle the constrained optimization problem［C］. In: Proceedings of the 41st IEEE Conference on Decision and Control. Las Vegas, Nevada USA, 2002, 739-740.

［174］白生翔. 适筋混凝土构件配筋界限条件的概率分析［J］. 建筑结构，1996，5：3-11.

［175］管品武，邹银生，刘立新. 反复荷载下钢筋混凝土框架柱抗剪承载力分析［J］. 世界地震工程，2000，16（2）：52-56.

［176］马宏旺. 钢筋混凝土柱“强剪弱弯”设计可靠度分析［J］. 水利学

报. 2002，4：88-92.

［177］赵国藩，金伟良，贡金鑫. 结构可靠度理论［M］. 北京：中国建筑工业出版社，2000，79-101.

［178］陈国良，王煦法，庄镇泉，等. 遗传算法及其应用［M］. 北京：人民邮电出版社，1996.

［179］马洪波，陈建军，马芳，等. 遗传算法在随机参数刚架结构概率优化设计中的应用［J］. 计算力学学报，2004，21（4）：487-492.

［180］赵衍刚，江近仁. 一种以遗传算法为基础的结构可靠性分析方法［J］. 地震工程与工程振动，1995，15（3）：47-58.

［181］中华人民共和国国家标准. 中国地震动参数规划图：GB 18306—2001［S］. 北京：中国标准出版社，2001.

［182］Trifunac M D, Brady A G. A study on the duration of strong earthquake ground motion［J］. Bulletin of the Seismological Society of America, 1975, 65(3): 581~626.